北大建筑

建筑装饰

张翼 著

机械工业出版社
CHINA MACHINE PRESS

序

1

当年在清华读闲书，读到蒙田为自己的健忘症罗列各种妙处时，我还忍俊不禁，却没留意我那时已显露出各种健忘的迹象。

读研中途，带老友老谢去我江西的老家，却径直走进别家院子，我自嘲说是早上雾大，他却不依不饶，说是连梦游者都不会找错自家；到北大教书初期，有次去清华东门参加活动，半夜回北大东门外的家，我记得这两处在同一条街的两端，就谢绝了学生的相送，独自往家走，却越走越觉森然，问一位抢修管井的橙衣工人，说是我走反了方向；在杭州的一次聚会，我错拿了刘家琨的行李，他对我的形盲程度极尽讽刺，说是我俩的行李虽有黑色的共性，却有箱与包的形别，并责备我那时近视多年却不戴眼镜的习性；就在那次聚会上，一位长者过来与我握手，寒暄过后，我向邻友悄悄打探这人是谁，后者愕然低声训我，说是这位院士上个月才请我吃过饭，并义正词严地谴责我的"忘恩负义"。

我在这些活动中，并没感到健忘的任何妙处，只有尴尬得不可名状。我渐渐不愿参加离家稍远的活动，也开始畏惧超过三五好友之外的聚会。

大概是我好为人师的癖好，才让我克服了记不清学生名字的恐惧，并在北大组课流变的学生间安坐了二十余年。苏立恒是我招来的第一位研究生，那时北大建筑学研究中心（以下简称"中心"）不同导师的学生都还一起上组课，他笑眯眯的面孔在这群学生中毫不起眼，但我对他毕业后租房制作节能墙体进行计量实验的事印象深刻，曾邀请他来组课上讲解他如何将那些实验带入他的实践。他在组课上自我介绍时说，在他读研期间，我常对着他喊着另一位导师的学生名字，他纠正过几次未果，就既不愿让我难堪，也知道我在喊他，他就将错就错地一直应着我毕业了。

2

随后一届的王宝珍，我能很快记住名字，大概是他与那时我正看《士兵突击》里的王宝强，既有名字的相似，也有一样河南腔的普通话，他的名字与他的倔强，尤其是他喜欢动手制作的习性，都与张永和留下的建造实践课的余韵匹配。

他见到中心因建造课终止而封箱的成套木工工具，既眼馋也手痒，就利用课余时间，用中心囤积的原木，独自制作了一张靠椅。我屡屡在组课上讥讽这张靠椅的不舒适，却无法阻挡他总想再制作些什么的冲动。时值北大东门拆迁，方拥教授带着工人捡回不少精美的汉白玉构件，还有木方与砖瓦，以备禄岛改造所用。王宝珍想用旧瓦在后山上铺设了一块瓦铺地，方拥即时地制止了他的制作冲动，理由是瓦应铺设到屋顶而非地面上。我一面告诫王宝珍别再动用中心囤积的建材，一面安慰他说，计成与李渔都曾推荐过瓦波浪铺地。

等我带着他们几位学生去明秀园进行建造实验时，王宝珍的建造天赋才真正展开，分给他师兄师弟们的设计，都在我的辅导下分别完成，只有他独自设计了一座结构清晰的竹曲轩。最终，这些建筑一个也没建成，只有两处很小的场地设计得以实施，也都是他独立设计并督造完成的。王宝珍对在现场建造的这种狂热与冲动，帮他选择了土、砖、秸秆这些自然材料的低技建筑为硕士论文题 －《土＋砖＋秸秆》，并直接影响了他毕业后持续至今的建筑与造园实践。

上个月，我带着溪山庭园林学堂的第一批学员去参观王宝珍的东麓园，从他堆叠池岸乃至将自然意象引入室内的妙笔中，我都收获颇多，而旁听他给学员的讲课，我却依旧有着当年在组课上一样的不适。他以为是造园思想与方法的讲述，依旧像是对造园手法的讲解与辩解。他依旧欠缺张翼那种理论推演的能力，因此也就导致他无法对这些造园手法设立可以评估的学科边界。

在王宝珍与张翼同时在我这里就读时，我就常常幻想他们两能相互嫁接彼此的实践与理论天赋。

3

我至今还记得第一次见张翼的情形。

我那时在北大东门附近的咖啡厅撰写关于山水的博士论文，一身中山装的张翼，忽然到我对面坐下并向我致意。他腰板挺直，光头泛光，开门见山地说他叫张翼，是张飞缺"德"的张翼，我当时就记住了这个名字。他说他想跟我学设计，并调侃自己的光头是为装饰脱发的严重。我察觉到他调侃背后的紧张，就问他怎么找到我的。他说他对中国建筑界一无所知，唯一知道的王澍，还是他母亲收集了简报给他，等他从华南理工大学毕业后想要继续读书，就向在非常工作室工作的好友打听合适的导师人选，他的好友向他推荐了我，说我常来这家咖啡厅，他就来这里碰碰运气了。

我那些年在北大建筑养成的面试习惯，都是先问学生对建筑有哪方面兴趣。他说他正执迷于中国古代大木作的建造技术。在讲述他最擅长的领域时，他放松下来，兴致勃勃地谈及他参与各地大庙修建的经历，以及连古建教授都未必知道的庑殿斜脊如何安装的技巧。我那时才建完清水会馆，对大木作既无知识也无兴趣，就在他每次停顿时不断追问他，你这些兴趣能否带入当代设计实践。他事后告诉我，面对我始终不变的追问，他平生第一次有了想哭的冲动，不是基于畏惧或无知，而是他从未想过要将这些古建兴趣与当代设计相关联，他本以为这两者间有着自然而然的关联，猛然被我问及，才发现两者之间竟然一片虚无。

他提前来到我的研究生组课，顺带等着来年考试，很快就与入学不久的王宝珍彼此投缘。那时方拥教授正带学生督造禄岛上的新教室，因为是复原古建式样，张翼就轻车熟路地参与其间。在正房上梁之际，师生们都在翘首以待，张翼却跑去扶住支撑大梁的木柱，工人安装的大梁忽然歪散，几乎擦着张翼的头皮轰然坠地，我吓得魂飞魄散，勒令他不要再去方拥的工地。一次方拥带大家参观故宫，中途对我们提了一个无人能答的古建问题，只有蹭课的张翼给了答案。方拥好奇地问他从哪儿知道的，张翼说是自己琢磨出的，方拥盯着他狠看了一会，觉得不可思议，说他自己思考此事多年，才得出并未公开的类似结论。大概是被方拥盯得发毛，又担心会被方拥招去学古建，考了第一名的张翼，面试时一再强调他自学古建，只是为向董老师学习造园做准备，并无惊无险地归到我的名下。

他在我这里就读初期，既没有表现出对建造实践的兴趣，也没找到大木作如何与当代设计发生关联的接口。

4

王宝珍入学那年，我主持了张永和离开后最后一次建造实践课。我给出的秋季组课议题是"砌体"，研究的范围既有砖块，也有土坯；既有全无形状的毛石，也有赖特早年建成的那些华丽的砌块建筑，我甚还将沙夫迪 1967 年在蒙特利尔建造的集合住宅，视为空间砌筑的案例。我将我收集的不同案例交给学生，让他们自行选择各自感兴趣的案例进行研究，王宝珍大概那时就选择了哈桑·法赛的土坯建筑，并成为他后来硕士论文研究的内容之一。张翼那时还没入学，却挑选了赖特的砌块建筑进行研究。他在组课上详细讲解了赖特那些纹样华美的砌体建筑，并试图寻找它们与赖特的老师沙利文关于装饰纹样著述的关联。我中途向他提问——赖特这类砌筑建筑，既然建成时就遭遇到墙体漏水问题，它们本可用赖特草原式住宅成熟的大屋顶出挑来解决，为何赖特这类房子却几乎没用到大屋顶？张翼虽得出赖特想要表现几何体量才放弃大屋顶这一结论，但更深入的研究，似乎难以为继。

张翼正式进入我门下读书时，我那时正在阅读卒姆托英文版的《三个概念》，我对里面数次出现"monolithic"具有"独石般的"以及"单色的"的这两种词意都有兴趣，以为这既可能是解读卒姆托建筑空间的造型关键，也可能与 20 世纪 60 年代兴起的大色域抽象画派有关，就将这一模糊的议题交给张翼，但这如一只鳞片般的线索，显然难住了他。我转而将斯卡帕为什么常用 5.5

厘米的线脚来浇筑混凝土的具体问题交给他，并让他考证这些是否与古希腊柱身上的凹槽线脚相关。我不清楚张翼如何将斯卡帕的线脚当作楼梯，又如何将古希腊柱身凹槽当成扶手，他忽然进入两者之间的文艺复兴的装饰语境。当他得出文艺复兴的线脚是为将建筑装饰成独石般的体量时，我还信将信疑；当他将装饰区分为"本体性装饰"与"再现性装饰"时，我忽然意识到，这或许是现代建筑被隐匿的核心议题之一；当他随后准备以《建筑装饰》为硕士论文题所展开的组课阐述中，其缜密的理论素养，似乎只有张永和的研究生吴洪德才可比拟。

5

张永和离开北大时，将还未毕业的吴洪德委托我继续指导。

我第一次在咖啡厅听吴洪德讲他关于图表的论文，竟有听不懂却觉得厉害的奇异感，这种感觉，我只在清华 601 宿舍听李岩讲建筑时才有过。我不舍得独自听，就请他暂停，我叫来我的几位学生一起听，其中大概就有王宝珍与张翼。我那时没想到，在一旁颇显懵懂的张翼，很快就让我将他与吴洪德视为中心并驰的理论天才。等张翼研二正式撰写论文时，我发现他的论文文体，就像是组课上的口语录入，我批评他的口语化文风，他则要我推荐论文写作的范本，我一时记不起来，就让他参考王骏阳翻译的那本《建构文化研究》，他再次表现出超凡的学习能力，他下次提交的论文章节，我已挑不出文字毛病。

在张翼写作迅速的论文初期，王宝珍的毕业论文已近尾声，我对王宝珍论文的内容比较满意，但对他的记叙文的写作倾向颇为头疼，想着张翼表现过这方面的超凡禀赋，就建议张翼帮忙把关。因为记得张永和希望中心能培养出有思想的实践者，也记得那次带他们几位学生参与明秀园建造实践时张翼的吃力，就督促张翼尽快完成毕业论文，以便毕业前我还有时间单独辅导他的设计实践，后来却不了了之。

张翼对毕业后的去向描述，我至今难解。一方面，按他的讲法，他比我还好为人师，他甚至愿花钱雇人听他讲课；另一方面，与我得知大学老师不用坐班就决意要当老师不同，张翼却决不肯进任何教学机构就职。我后来听说，他在广州创办了同尘讲坛，还听说听他的讲座得提前月余才能预约上，我既感夸张，也觉欣慰。张翼开设的同尘讲坛，很快对我这里就有了反哺，很有一些质量不错的考生，经由同尘讲座的洗尘而来。而我本人的受益，则是我读过同尘发表的一些质量不错的文章，尤其是张翼与陈录雍合写的《混凝土材料塑性表现的双重逻辑》，是我那些年读到的最好文章之一。

因为记得想为张翼补强设计的夙愿，几年前，我召集几位研究生一起参与何里拾庭的设计时，特意邀请他与王宝珍一起参加。王宝珍的设计一如既往总体动人，也一如既往总有几处强造处，张翼的设计却让我颇为失望，他撰写的那些相关构造与节点的精彩文章，竟完全没能投射到他自己的设计中。面对他既无节点也无构造的设计，我很有些气急败坏地旧话重提，再次要求他向王宝珍学习建造技巧，同时也希望王宝珍能以张翼的理论逻辑来克服他的炫技习惯。

积郁多年的张翼，终于没能忍住反驳我，他说没几个人能像您那样既精通建造又长于理论，当年您就老是恨不得我与宝珍合体，您不清楚这对我和宝珍的压力到底有多大，我们能各自精通一样技能就已殚精竭虑了。我忽然间就哑了口，我听出一些委屈，甚至一丝讥讽，我意识到，张永和要为北大培养有思想的工匠任务的确高不可攀，我退而求其次地想，我能培养出王宝珍与张翼这两类实践与理论专才，似乎也并不容易，有时，甚至要靠机缘。

6

我对他们是否由我培养而成，也并不确定。
大概是在明秀园那次建造实践课，远离了北大组课的激烈氛围，王宝珍不知为何会讲起他小时候就有制作的兴趣。他那时与同龄人一起制作各自的弹弓，做完后小伙伴会花钱买王宝珍做的弹弓，大概是因为他的弹弓既好用又讲究。

如此看来，我并没培养出他的制作兴趣，只是张永和为北大建筑培植出的建造氛围，共振了王宝珍本有的制作本能，投射到具体的建筑设计上，就呈现出清晰的建造工艺，我却总想把他并不擅长的理论思考，强加给他。

张翼在组课上显示出文艺复兴建筑理论的深厚素养，让我自叹不如。我有一次问他是否在本科就积蓄了西建史素养，他神情古怪地提醒我是否记得他对中国古建大木作的最初兴趣。我一时羞愧难当，忽然记起他常以柏拉图的《理想国》来起兴装饰起源的话题，就转而问他是否很早就对柏拉图感兴趣，他点头称是。

这大概能解释他理论缜密的来源。有了柏拉图哲学的兴趣打底，当他为阐述装饰一词而阅读文艺复兴的建筑理论时，哪怕是救急式的阅读，也大抵不会失去逻辑，并以此驾驭他关于"本体性装饰"与"再现性装饰"这两种我至今还难区分的概念。就此而言，我也并没有教过他本已擅长的逻辑缜密，大概是我初次见面就逼他将已有的兴趣投射到现代建筑上的压力，推动了他将本科时的哲学兴趣嫁接到建筑思考上时，才嫁接出他关于建筑装饰议题的理论深度，我却总想将王宝珍的建造天赋强加于他。

我有时难免会虚构，个知张翼将柏拉图理论的兴趣投射到他最初的大木作兴趣上，将会展现出中国建筑怎样的现代建筑理论前景。

7

直到比张翼晚九年入学的朴世禺，写成了《传统大木建筑的空间愿望与结构异变》毕业论文时，我才清晰地意识到中国大木作结构所能展现的空间潜力。

性格温和的朴世禺，大概是在三年间从没被我训斥过的第一位学生，我既想不起他如何选定大木作的论文题，也记不起他论文展开的具体内容，只模糊记得他每次组课讲述论文时都波澜不惊，既无让我眼前一亮的惊讶，也从无让我觉得堵塞的硬伤，我也因此在很长时间都记不清他的名字。等晚一届进来的张逸凌准备撰写日本书院造的论文时，我对书院造梁架结构一知半解，就让她去咨询才研究过大木结构的朴世禹，在她的论文组课上，我就屡屡听到朴世禹的名字，我才候补式地记住了这个名字。

朴世禹毕业后，去了故宫博物院，在张逸凌最后一年的论文组课上还常常出现，并实质性地充当了张逸凌的副导师。他经常抽空来我的研究生组课，有时也会在组课上讲解他正感兴趣的一些议题。我有一次问他在故宫里工作的感受，他黝黑的脸上立刻就笑出白齿，说是除开每月发工资那天有些犯愁生活外，他每天都觉得特别有意思，无论是勘查现场，还是旁观故宫建筑的修复；无论是查找文献，还是偶尔有机会在故宫里做些展陈设计，都让他觉得既兴奋又新鲜。我在他这些看似普通的描述中，发现他并不平凡的性格，他的拮据生活，既然没能压倒他的兴趣，就将保护他推进专业兴趣的持久性。后来又听说他出版了一本相关古建技术的科普畅销书，欣慰之余，就问他是否在本科就对大木作有兴趣。他果断地摇头，说是我那时开始对日本书院造空间感兴趣，就将大木结构的准备知识交给了他，他从一无所知处进入大木作空间的构造领域，他越是研究就越觉得有意思，后来就变成了他的硕士论文题。

8

我对大木作起兴的缘由，确实是在朴世禹入学前后。

我父亲去世那年，我正在阅读葛明送我的筱原一男作品集，见到他以大屋顶、土间这些日本传统建筑要素所展开对现代建筑空间的精彩论断，就在《天堂与乐园》的章节里，模拟着写了些与中国建筑屋顶、墙身、宅地与身体文化相关的片段文字，并尝试着推演中国传统大木建筑对现代设计的可能性潜力。

一次与葛明在红砖美术馆闲聊建筑，他对红砖美术馆小餐厅以仿木混凝土架构出的空间剖面极有兴趣，我则得意于小餐厅二次改造时的转角打开。我炫耀它以减柱的结构方式获得即景应变的空间效果，葛明则兴奋地谈及他在微园曾以移柱来加密柱子所获得的空间疏密的效果。

正当我俩眉飞色舞地对结构性的减柱、移柱、密柱可能带来的空间效果进行畅想时，一旁古建专业出身的周仪听不下去，她冷哼了一声，说是你俩根本就在滥用减柱、移柱这些专业术语，并断言说，日本光净院客殿的减柱空间才真正精彩。

我那时已动了想去日本看看的念头，正好葛明微园的甲方想邀请我俩一起去京都，以感谢我对微园置石提供的一些建议。我和葛明到了京都，却发现光净院客殿既不在京都，也不对外开放，只对特殊学者预约。那次京都之行，我不但参观了我所聚焦的几个庭园，也刻意留意了周仪提醒我书院造长押的空间设计潜力，并猜测日本当代建筑以梁架围合空间的案例，多半就源于书院造利用梁下长押围合的空间意象。

隔年与周仪再去日本，她提前预约了日本两大书院造经典——劝学院客殿与光净院客殿，尽管我们是在一位僧人帮忙开门引导或监督之下，仅仅一瞥两个客殿内外空间架构，就足以让我动心。在《天堂与乐园》里，我曾描述过它们对我的结构性刺激，我对中国大木空间常以减柱或移柱来解决内部宗教场景的空间意象并不满意。我以为，若是能找到中国建筑对外部景象曾有即景反应的空间经验，就能克服当代建筑只能对材料、结构、空间进行自我表现的炫技困境。

我那时虽从周仪撰写的《从阑槛钩窗到美人靠》一文中，发现了中国建筑装折部分有对户外风景的装折意图，也在自己阅读《营造法式》时发现了截间屏风与照壁屏风这类分割空间的隔截方式，或许能与筱原一男针对日本空间分割相互比照，我甚至还尝试着对分割与分隔、隔截与隔断进行词义辨析，以推演它们对空间设计的差异性潜力。基于现代建筑空间与现代框架结构的密切语境，总以为大木结构比装折体系对现代空间的影响才真正关键，当我在劝学院客殿与光净院客殿里，发现它们各自减柱的结构设计都有为身体在广缘间直面风景明确的空间意图时，尤其是它们利用移柱的方式所得到的转角打开的空间指向——我一直以为是赖特的专利，我当时的喜悦无以言表，我希望有人能以日本书院造的大木空间为比照，来研究中国大木作的空间潜力。

朴世禺恰逢其时地承担了这一任务，他不但全面比较了中日大木结构的基本差异，也远比我系统地阐释了中国大木结构有对现代空间设计展现出的各种潜力。而晚他一届的张逸凌，则直接以《建筑设计视角下劝学院客殿与光净院客殿之对照分析》为她的硕士论文题。我和常年参加中心答辩的李兴刚与黄居正，一致认为这两篇论文是我所有学生论文里最优秀的几篇之一。

9

检讨这几位学生论文题目的来历，我开始反省我对学生定题方向的错觉。

多年前，葛明就劝我让学生撰写我所聚焦的园林议题，我总是说我当年读王国梁老师的博士时，就得益于他对我所感兴趣的论文方向没设限制。我最理想的学生，是那些自带兴趣与问题的学生；我最理想的教学方式，是帮助学生们推动他们各自感兴趣的议题，只有那些没带兴趣来我这里的学生，我才会给出议题建议。多年来，我一直自得于我带过的三十几位研究生，研究园林的只有零星几位，其余论文方向的多样性一度让我产生过百花齐放的幻觉。

如今想来，我自己带过的学生，除头两届学生自带了兴趣来我这里外，往后的学生，似乎只有王磊与薛喆的论文方向是他们自己的兴趣所致。化学系转来的王磊，因为自带了对植物的兴趣，就撰写了《植物与现当代建筑的关系初探》，而薛喆自行撰写的《建筑设计中的徒手曲线》，是我既陌生也无感的领域，其余学生，即便是张翼关于建筑装饰的论文，其起兴的几处片段，都是我有兴趣却力不从心的线索。如今看来，我那些学生论文看似毫无规律的论文题，大致还是夹杂着我对身体与行为的空间兴趣、转角打开所带来空间潜力的兴趣，以及我对现代空间装置艺术的久远兴趣，它们似乎都开始偏离王宝珍那届建造实践的方向。

但这些论文选题的方向，也并非全由我主导。我记不清是朴世禺还是哪位学生，在讲解自己的论文时列举过中村竜治那些以梁、基座等建筑术语命名的装置，我和组课的学生都很喜欢，就交给比张逸凌再晚一届的秦圣雅研究，她撰写的《中村竜治装置中的分割与意象》论文，与张逸凌、朴世禺的另两篇论文，都是我近十年带过的最优秀的毕业论文。

这三位三届接续的学生，他们的本科学校都很普通，他们考入中心的成绩都是录入学生中的末名，他们都没自带建筑方面的兴趣，一开始也都没显示出非凡的个性，但对我交给他们的议题，却都有推动问题的扎实能力，却都写出让我觉得皆可出版的优秀论文，他们就都没经历过我的严厉批评，以至于张逸凌听说师兄师姐都有被我训哭的经历时，她瞪大眼睛看我不敢相信，她大概是第一位说我性情温和的学生。

这多少让我觉得安慰，他们大概能证明三件事：我并非只能通过严苛才能教好学生；类似我这种没有显赫本科的学生，也能学好建筑；学生们是否自带兴趣来我这里，也并非能否写好论文的关键。

10

当初面临中心被取消时就想筹划这些学生论文的出版一事，直到最近才具体落实，预计将要出版的十二本，因毕业生各自的事业繁忙，未必一定都能完成，我选择先出王宝珍的《土＋砖＋秸秆》、张翼的《建筑装饰》、朴世禺的《大木与空间》这三本由论文扩展的著作，并非因为他们的毕业论文最佳，而是他们都曾各自出版过比较畅销的著作，我想以此来减轻出版社的经济压力。

当我准备为这三本先行出版的论文写个总序时，才发现我那本一起出版的《砖头与石头》，更像是我为何张罗这批学生论文出版物的一篇长序，在封面括号里的清水会馆（记）、北大建筑（记），分别记录了我对清水会馆被拆以及北大建筑学研究中心被撤的两种新旧不一的情绪。我既想用清水会馆新近被拆的新鲜情绪，来对冲北大建筑早已消亡的恻恻惆怅，又想用预计十二本学生论文的出版周期，来延长北大建筑依旧存在的幻觉。

一个月前，退休了两年的王昀老师来我办公室，参加北大建筑最后一届研究生答辩，听说我也不再招收学生，常年担任答辩委员的黄居正与汪芳都有些伤感，都在问我既然还有几年退休，为何不继续招生，我回答说是因为没了王昀老师的庇护，而更真实的情绪则是我不想再苦心经营北大建筑依旧持存的幻觉。答辩过后，王昀如释重负地与我道别，笑眯眯地向打点中心办公室已二十余年的张小莉老师致谢，并希望她能坚持到我也退休之际，张小莉眼含热泪地说她也准备收拾回家了，并感谢黄居正、汪芳老师这些年对中心的大力支持。我对这种离别情绪，当时都有些麻木。

隔几日在办公室再见张小莉，我忽然心血来潮地想劝她再留几年，我知道她喜见我这里学生兴旺的情形，这几年毕业生不能进校参与我的组课，让她倍感冷清。半年前，我破天荒地招来一位在美国念书的本科生来千庭工作室实习，大概还想维持中心还有学生上课的幻境。我向她许诺，接下来，还会有一位同济的实习生，加上千庭工作室的钱亮与张应鹏，都是她既熟悉也喜爱的我的毕业生，我希望她能一如既往地管理他们。我还说，如果连你也要和王昀一起离开，我可能也不愿再来办公室，我大概会带着钱亮他们去外面的咖啡厅里工作。张小莉很是唏嘘伤感了一会，终于答应我再坚持一年半载再说，我当时所觉到的心安，后来证明还是幻觉。

半个月后，一位南方的设计师和钱亮联系，说他想来办公室看望我，钱亮说董老师最近几乎不来办公室了。我是在这位朋友的电话转述中，才觉察到我的习性改变，我有意无意地以各种忙碌，避开我过去常去的办公室，大概是师生们都一一离开后的孑然处境，我并不习惯。

11

2005 年，张永和在北大建筑学研究中心初创期的辉煌间离开时，我也不适应。

张永和为北大建筑学研究中心构想的理想架构，是由导师负责的工作室制。学生除开选修北大外系的必要学分外，头两年主要参加建造研究与城市研究这类通识必修课，第三年可选择不同导师的工作室，完成各自的毕业论文。我那时还没有招收学生的资格，却是我最喜爱的教学状态，我既可选择张永和的研究生中我有兴趣的话题进行交流，又不必承担他们能否毕业的责任，我那时交往最多的是臧峰、黄焱、王欣、李静晖这几位。

方拥接手后，研究生一进来就被分配给导师，我一开始也并不适应，虽说有师生间面试时的相互选择，但每几届学生里，总有个别让我觉得力不从心的学生，但却没有了先前那种可以调整导师的机会。

我原以为，对那些不能举一反三的学生，任何导师大概都会无能为力。我那时在组课上常常气急败坏地咆哮说，你们都知道孔子说过有教无类，但从不提及孔子还说过不能举一反三者就不必教了。但吴茜在我这里的求学经历让我警醒。她最初在我这里，对我让她研究我一直迷恋的堀口捨己的庭园与建筑，她既有兴趣，也极认真，但每次汇报时，我总觉得她把握不住重点，高压之下，她转到方海名下，在后者宽松的育人氛围里，吴茜撰写相关巴洛克剧场的论文却相当精彩。每念及此，我对那两位转到方海名下的学生，以及临近毕业却决定退学的一位学生，总有难以抹去的内疚感。

12

三年前，我决定停止招生时，曾收到过一位考生的邮件。他责备我的自私决定，导致他这类没有名校背景的一批学生，都失去了二次深造的机会。我并不觉得我那时只有一个名额的招生，能缓解这类普遍情形，我既没回邮件，也没觉得内疚。

我这些年来最觉愧疚的学生，是北大城环学院的一位本科生。或许是听过我在北大的两门通选课，中途想来参加我的组课，我将日本茶室的八窗主题交给她研究，她断断续续地在我的组课上讲了一年左右，我和组课的学生们，从开始的严苛批评，到后来都觉得有些意思，她也渐渐来了兴趣，等她毕业那年，她提出想通过保送的方式来我这里读书。正好王昀那时与我合计，既然我俩每年都各自只有一个招生名额，不如干脆只招保送学生，既可避免出题的麻烦，也可避免学院招生简章上已删去建筑方向的招生尴尬。我对此自无不可，回头问那位学生是否具备学院保送的成绩要求，她对此很有信心，我就口头同意了保送一事。

等临近出题时，张小莉听说我们这届只想招收保送学生时，她坚决反对，说是中心这些年近乎隐形，招生是唯一能证明我们还继续存在的对外讯息，王昀执掌中心这些年的无为而治，从没违逆过张小莉的任何建议，这次也一如既往地答应张小莉我们会继续出题招生，我尽管觉得为难，但也以为张老师的建议合情合理。下次组课结束时，我约了那位女生在中心的藤架下谈话，我极为艰难地描述了中心的困境，并抱歉我不能独自招收保送生的决定，得知她已错过学院调整保送单位的时机，我当时的愧疚感，一言难尽。她尽管失落，但还是向我指导过她的研究，诚恳致谢，既无怨言，也无责备地与我道别。

撰写这篇不像是序的长序，本为避免重复我那本《砖头与石头》里更像是序的文字，但我还是忍不住复述我在《北大建筑（记）》里的最后一段文字。尼采在残篇《希腊悲剧时代的哲学》的残序里以为，人类历史上建立过的所有体系，都会被后世所驳倒坍塌，在废墟间熠熠生光的，不是那些体系的残垣断壁，而是架构体系之人的个性光芒。

就已消亡的北大建筑学研究中心而言，这些个性，不单属于创建了北大建筑体系的那些教师，也属于在中心求学过的所有学生，他们既包括像曾仁臻这种常年参加我组课的旁听生，也包括那位我本应招入北大建筑的优秀学生。我上个月还因健忘在北大迷路，但我至今还清晰地记得，几年前那位女生推门离开向我致谢时的那种落寞却不失修养的神情，也记得上个月曾仁臻带我看他在溪山庭绘制在不同角落的小画时那种既矜持又自得的神情，其清晰程度，并不亚于我对王宝珍、张翼、朴世禹先后在我组课上两眼放光且历历在目的记忆。

董豫赣

2024 年 8 月

目录

第一章 宣判与重审

《装饰与犯罪》与《装饰与教育》

1908 年，奥地利建筑师阿道夫·路斯 (Adolf Loos) 在他的传世檄文——《装饰与犯罪》(*Ornament and Crime*) 中诅咒道：

现代装饰既无祖宗也无后代，既无过去也无未来。

路斯宣判装饰有罪。很快，这则宣判得到了整个建筑学世界的附议。从此，批判装饰成了现代建筑理论的传统；洗除了装饰尘垢的新建筑也换上了让人耳目一新的简洁样貌——如今已经成了"现代风格"；建筑师们纷纷走出画室，转而研究空间的奥秘，关注工程技术和材料表现……待时过境迁回顾这段过往，这或许会成为整个人类建筑史上最翻天覆地的一次革命，直观看来，那可能比当年文艺复兴对哥特的颠覆还要彻底。

至今，一百多年过去了，尽管建筑学经历了"后现代"的反思和当代信息爆炸的洗礼，装饰的声名却依旧显得尴尬。装饰显然并没有销声匿迹，它仍无处不在。但如今我们目之所及的那些建筑装饰，究竟是"越狱逃亡"的，还是"刑满释放"了？因为在路斯的万年刑期后并无片纸赦书，这让建筑师们心里都犯嘀咕。所以时至今日，围绕装饰展开的建筑佳作仍算是新奇和刺激的事物；建筑师们论及装饰，就算不必嗤之以鼻，总也要抱持着极谨慎的态度；而在高校建筑学的课堂上，凭我有限的见闻，路斯的呐喊仍余音绕梁，摒弃装饰的现代主义方法仍然作为学科的核心价值观被传授着……

是时候重新审视一下建筑装饰了。其实，对装饰的深入探究和实践从来就没有中断过：当初"路斯们"掀起的那场装饰审判只是为了革除洛可可以及僵化的新古典手法的种种陋习，那为什么我们至今仍然对装饰满怀警惕？或许，面对现代主义美学那来之不易的胜果，现代建筑师们都不太情愿去设想装饰解除封印重见天日的样子——那有点儿像《哈利·波特》里伏地魔的名字，不提也罢。"后现代"恐怕也要为这种局面负上一点责任：虽然"文丘里们"从理论高度准确地指出了现代主义的顽疾，但是，那些秉承"后现代"精神的建筑作品为装饰重新树立起的形象显然不算成功（图 1）。

就像伏地魔的势力从未远离霍格沃兹，建筑装饰的魅影也始终悄然游荡在现代主义之内——而非"现代主义之后"。当年，阿道夫·路斯在封印了装饰之后，其实从未离开过那片禁域，之后，密斯·凡·德·罗、路易斯·康、卡洛·斯卡帕、彼得·卒姆托等一连串如雷贯耳的名字陆续潜入其中，"装饰俱乐部"里热闹非凡，哪管外面的世界一片简洁肃穆，"白茫茫大地真干净"？其实，大师们应该也无意像魔术师那样刻意把建筑装饰里那些偷天换日的神奇手段保守成秘密，只是如今装饰实在是背景复杂、身份敏感，不动声色地操作起来很是过瘾，但真要拿到台面上讨论，似乎就不太容易说清楚。

美国理论家肯尼斯·弗兰姆普敦（Kenneth Frampton）写了本《建构文化研究》，十几年前曾在中国建筑界风靡一时。借着卡洛·斯卡帕的声名，弗兰姆普敦差一点儿就拆穿了现代建筑大师们对装饰的暗度陈仓——他把斯卡帕的建筑称作"20世纪建筑发展中的一道分水岭"。可惜，话到嘴边还是咽回去了：弗兰姆普敦谨慎地将斯卡帕的建筑特征归纳为"节点崇拜"，再一次娴熟地避了装饰的名讳。我想知道的是：这道"分水岭"，究竟是将20世纪的建筑从时间上横断作两段（不做装饰的时期与做装饰的时期），还是将其从类型上纵分为两种（没有装饰的建筑和有装饰的建筑）？

其实，在建筑学里讨论装饰，本就是不可避免之事。早在1924年，一位莫克利教授（Prof. F. V. Mokrý）在《捷克评论报》（*Czech Review*）里发表了一份问卷，里面列出了对装饰批判的四条追问。

一问：现代人需要装饰吗？

二问：作为缺乏文化的表现，装饰是否应该普遍地被从世界上抹去，尤其是从学校中抹去？

三问：有需要装饰的情况吗（出于实用的、美学的或者教育的目的）？

四问：在教育实践中，这些问题可以被总体地、不折不扣地解决吗？还是要期待文化发展分层级地逐步改善（城市—乡村，孩子—成人，建筑、工程、农业、工商业，家庭小工艺，等）？

这份问卷题为《我们的方向》（*Náš Směr*），莫克利教授

图1 弗兰克·盖里与克莱斯·奥登伯格设计的Chiat/Day大楼

还致信给装饰批判运动的大宗师——阿道夫·路斯并邀请他填一填这份问卷。路斯的回信热情洋溢。当然，路斯一如既往地指出"现代人不需要装饰"，指出"装饰终将自我消亡"，还把装饰描述成"野蛮"和"色情"的东西。但是，如果细心品读，会发现路斯在这份答卷里仔细地区分着"现代"与"古典"，区分着"功能"与"美学"，区分着"艺术"与"工艺"，区分着"时代精神"与"教育传统"——这些都是他在那篇著名的《装饰与犯罪》里没有详细区分的概念。一旦话题涉及教育，路斯总是满怀真挚地赞美古典装饰的传统和价值；他说"不想把澡盆里的孩子和洗澡水一起倒掉"，像是告诫读者，也像是自言自语；他更把古典装饰的法则推到"秩序"的高度，显得意味深长：

我们的教育基于古典文化，建筑师是精通拉丁文的砖瓦匠，绘图教学的起点应该是古典装饰。古典教育已经创造了一种跨语言和国界的泛西方文化……为此，我们不仅要学习古典装饰，还

要学习柱式及线脚……古典装饰在绘图教学中的作用与语法在拉丁文教学中的作用是一样的，尝试使用贝立兹（Berlitz）法[一]教授拉丁文是没有意义的，正是拉丁语法给我们的思维和灵魂提供了准则，古典装饰为我们日常用品的形成带来了秩序，规范了我们的形式，并且建立了（忽略人类学和语言学的差别）一种通用的形式储备和美学概念。它将秩序引入我们的生活，回纹饰像是精确的齿轮；圆花饰像是精确的中心钻孔，同时也像被削得整齐的铅笔！

路斯觉着，学建筑不学古典装饰，就像学拉丁文不学语法一样——是做无意义的事。路斯这封回信题为《装饰与教育》（Onament and Education），就收入他的用《装饰与犯罪》命名的论文集里，只是至今仍很少有人提起。路斯赞颂现代功能，路斯赞颂古典装饰，路斯赞颂古典装饰的美学意义，路斯赞颂现代功能的美学意义，路斯痛恨的只是现代人做古代装饰。刚刚处决了现代人模仿古代装饰的行为，或许路斯还来不及畅想专属于现代建筑的装饰吧？这恰是路斯装饰批判的一片空白地带。

那么，何不穿越回路斯深情回望的古典装饰的时代重新出发？在略可回顾现代主义的今天，把现代主义的功业汇入漫长的建筑历史的长河，重新发问：西方建筑装饰为何而生？在悠远的建筑传统中如何传承？它的精神可曾分裂或统一？装饰是犯罪吗？现代建筑中有装饰吗？现代装饰是古代装饰的后裔吗？

歌德的心路与芝加哥的大火

要重新面对这一连串问题，得先弄清楚装饰是怎么获罪的，因为阿道夫·路斯并不是第一个对装饰宣判的人。装饰怎么会获罪的呢？装饰也许确实缺少必要的功能，但是，不需要借助什么高

———————————
（一）贝立兹教学法由马克西米利安·D.贝立兹（Maximilian D. Berlitz）于1877年始创，简言之即不经由语法、词汇等翻译性的讲解，而直接通过会话交流（甚至手势、表情）引导学生学习外语的教学方法。

深的理论，人们大都明白：当打算用装饰去装点什么的时候，一定是想要让它更美的。用装饰去实现美，这有错吗？路斯在《装饰与犯罪》里把装饰说成是"女人的事"——女人确实更爱美一些——要这么说起来，装饰似乎就更没什么错了。

根据克鲁夫特在《建筑理论史》里的追溯，最早质疑装饰的可能是大文豪——约翰·沃尔夫冈·冯·歌德。当然，歌德并不质疑美，正常人都不会质疑美，歌德在意的是：那美是怎么来的？在《意大利游记》里记录的旅途上，歌德对帕拉第奥的评价发生了一些奇妙的转变，从开始的不吝赞美到后来的无情批判。歌德态度的转折点就发生在一个帕拉第奥建筑的修缮现场，歌德目睹了工人用一种预制的圆形陶土砖垒成柱子，接着通过抹灰和抛光把柱子的质地修饰得如大理石一般……歌德在现场甚至还赞叹那手艺巧夺天工，但在后面的旅途里，他越想越不对劲：那分明是假的啊！难道为了再现古代神庙的奇观，就可以骗人吗？

歌德对帕拉第奥的态度，其实是18世纪欧洲启蒙运动时期不同领域价值观冲突的一个缩影。出于某种微妙的思维方式的隔阂，启蒙运动的哲学家们关注理性思辨，而启蒙运动的社会活动和文学领域却更热衷于关注道德上的"真伪"——看上去都是"求真"，但从思想实质上却大相径庭。启蒙文学自发地肩负起了教诲大众的责任，因此，他们对其他艺术领域也常提出教化众人的要求，当然，建筑也在其列。要真诚，不要虚伪——这是教化的根本。问题是，或许有虚伪的文学，但世上真的存在"虚伪的建筑"吗？歌德可不管那么多。

不过，这一点对于我们理解装饰的争议非常重要：当"真伪"成为问题，装饰就必然陷入无休止的苛责和非议。在本书后面的内容里，我们会进一步研究装饰的实质，装饰原本就是用来实现那些真实手段无法达成的美学目标的，从问世的那一刻，装饰始终就站在真实的另一面。

到了19世纪，以维奥莱-勒-迪克（Viollet-le-Duc）为首的"哥特复兴"运动得到了浪漫主义的呼应。其实，勒-迪克的主张与浪漫主义之间的差别比启蒙哲学与启蒙文学之间的差别还大得多。浪漫主义的审美趣味让风格化的哥特建筑元素在装饰上得到了短

暂的繁荣。而勒 - 迪克的影响则更深远，他通过对哥特建筑卓越的结构逻辑的研究完善了结构理性的体系，勒 - 迪克让哥特建筑示范了一种可能性：通过结构自身逻辑也能建立起独立的美学机制，这几乎给歌德对建筑提出的求真难题提供了标准答案。而对于建筑装饰而言，这简直就是釜底抽薪。

19 世纪末 20 世纪初，芝加哥一场大火掀起了灾后重建的热潮，被传统建筑学视作丑陋的钢结构凭着它快速生产和迅捷建造的技术特点乘虚而入，一个以顶尖德国裔工程师为首的建筑圈子也凭此声名大噪——"芝加哥学派"。德裔工程师丹克马尔·阿德勒与美国建筑师路易斯·沙利文曾经是那些年美国建筑界的"天团"组合，他们分别把结构理性和装饰艺术推向了极致。但技术与艺术的完美结合很快随着两人的分道扬镳而土崩瓦解。阿德勒临终前以一纸雄文《钢结构和平板玻璃在风格上的影响》在现代主义立场中巩固了技术表现的地位，勒 - 迪克在哥特大教堂里洞悉的真知终于在现代结构技术中迎来了盛放；而沙利文生涯末期的落魄却折射了装饰的处境……

几年之后，就是阿道夫·路斯的那一声呐喊，响彻了整个现代主义的建筑历程，至今仍余音绕梁。建筑装饰最终被判定"有罪"。从此，在现代主义的语境下谈论装饰不再充满争议，而成为一种普遍意义上的"错误"或者"倒退"。

沿革

哪怕从歌德算起，对建筑装饰的问罪也才经历了二百年而已，这跟装饰由来数千年的悠久历史比起来不过是弹指一挥间。有一个重要的事实是：建筑史恐怕根本无从追溯最早的建筑装饰是在什么时候出现的。人类，想必在最原始的居所里稍稍摆脱了风吹雨淋的困扰就开始琢磨着装点他们的洞穴或者棚屋了。所以，路斯为了论证现代人不需要装饰的道理，还把装饰说成是原始人的事——如果现代人还在做装饰，那除非他是头上插着羽毛、遍体

五彩文身的巴布亚人〇。抛开过于悠久的历史不谈，要想系统地梳理建筑装饰的实例几乎也是不可能完成的任务——几乎有史以来所有的人类建筑都有装饰的成分，或多或少，或繁杂或简练，实在是浩若烟海。

相比起来，如果一定要追溯关于建筑装饰的沿革，稍稍梳理人们对建筑装饰的理论或思考或许是可行的，粗略地浏览一下建筑历史，会发现这类内容确实算不上卷帙浩繁。首先，建筑装饰作为理论课题太过于普遍和宏大，它牵涉所有的建筑类型、栖身于所有的建筑部位、渗透于每一类建筑构件，这让理论视角非常难以聚焦，导致针对广义建筑装饰的概论性研究非常容易流于玄虚；第二，建筑装饰作为建筑要素又过于具体，无论基于艺术还是基于诸如人类学的理论体系都不容易最终将装饰理论推导至足够有效的操作法则；第三，由于建筑装饰的使命是直接针对美学目标的，这意味着在介入装饰讨论之前必须先厘清美学前提——这简直是不可理喻的前提，美学俨然是比装饰更难见底的理论深渊。

因此，关于建筑装饰的大部头著作并不多见，那些最重要的建筑装饰理论往往是极精炼的论述，并带有高强度的思辨性。而对问题的研究和阐释，也集中于几类提纲挈领的原理性问题，诸如装饰是什么、建筑装饰是什么、装饰的使命、装饰的逻辑……这些研究往往穿插在关于建筑学的总论之中，或者仅以文章、短著的体量独立呈现。

西方建筑理论的溯源当然从维特鲁威的《建筑十书》开始，其中《第四书》的第二章题名就是《建筑装饰》（*Architectural Ornament*），这应该算是对建筑装饰最早的专论章节。

经历了中世纪在各类艺术理论上的沉寂期，建筑理论到文艺复兴时期迎来了井喷。

〇 从地理上为新几内亚岛的别称，现为巴布亚新几内亚独立国（The Independent State of Papua New Guinea）。新几内亚岛约公元前四五万年就有人类定居，16 世纪初被葡萄牙人发现，19 世纪初，荷、法、英、德等欧洲国家开始对其殖民统治，也使其开始在欧洲广为人知。由于那时巴布亚新几内亚仍完整保留着原始部落（包括食人族）的生存模式，故被称为人类原始社会的"活化石"，并得到人类学界的密切关注。在路斯的若干文章中都将"巴布亚人"作为"原始文明阶段"的代名词。

阿尔伯蒂效法维特鲁威把《论建筑》分成"十书"，因此也称《建筑十书》，其中有四书都是对装饰的研究：从《第六书》到《第九书》的题名分别是《第六书 . 装饰》（Ornament）、《第七书 . 神圣建筑装饰》（Ornament to Sacred Buildings）、《第八书 . 公共建筑装饰》（Ornament to Public Buildings）和《第九书 . 私人建筑装饰》（Ornament to Private Buildings）。其中最核心的理论部分是第六书里对"美"与"装饰"关系的精辟论述，这也是本书展开建筑装饰讨论的两块基石之一。

萨巴斯蒂亚诺·塞利奥（Sebastiano Serlio）是 16 世纪第一位试图处理古代建筑的"形式语言"以及探索如何把那些神妙的语言应用于实践的理论家。塞利奥也抱有"十书"的理想，可惜在有生之年未能完成。他有关装饰的理论和实践集中在两部著作里——关于柱式理论的《第四书》以及列举入口装饰的《非常之书》（Libro Extraordinario）。《第四书》是 16 世纪第一部关于建筑的出版物[○]，这本书的内容主要是对柱式法则的总结。虽然《第四书》在柱式研究领域的声望不如维尼奥拉的《建筑五柱式》（Regola delli cinque ordini d'architettura），但塞利奥对柱式来源的追溯和柱式神话意义的阐释远比后者翔实得多。《非常之书》则以实例手册的形式罗列了足足五十种入口装饰，其中有大量范式来自塞利奥在法国的实践作品。在这两部著作里，塞利奥建立了一套以表意为目标的装饰语汇和语法规则，可以用装饰要素来讲述建筑的故事。我们在后面的内容里将讨论建筑装饰的"再现性"，塞利奥的工作是其中最重要的话题之一。

帕拉第奥大师的《建筑四书》虽然没有专门研究装饰的章节，但是其中继承了大量阿尔伯蒂关于装饰抹灰和打磨技术的描述——正是这些技艺在两个世纪之后引起了歌德的不满。另外帕拉第奥在《第一书》里把维特鲁威的"坚固"独有见地地阐释为"看起来坚固"，继而展开了关于结构装饰性的讨论，这是极具启发性和开创性的讨论。

文艺复兴之后的同类研究大都继承了文艺复兴时的方法和话题，并且呈现出逐渐教条化的倾向，这让新古典主义的装饰理论总显得思辨性不足。好在，17 世纪的巴洛克建筑把建筑装饰推向了建筑史中迄今为止的最后一个高潮。然而，巴洛克装饰独到的手法逻辑在新古典主义的卫道者们眼中过于离经叛道，而在它新奇逻辑下催生出的繁复装饰又显然不可能被后来如日中天的现代主义价值观所接受。因此，"巴洛克"这个字眼儿在一般的建筑通史里始终评价不高，且饱含争议。然而在我们这本书里，挖掘巴洛克建筑装饰的独特价值倒是极有意义、也极有趣的工作。

至少从现在看来，19 世纪以来指向现代主义的理论研究已经略可以比肩文艺复兴了。有意思的是，在阿道夫·路斯之前，那些对现代主义有奠基意义的建筑学理论都表现出了某些对建筑装饰特别的青睐。

加特弗雷德·森佩尔（Gottfried Semper）那本《建筑四要素》（The Four Elements of Architecture）算是影响了几代建筑师的理论经典。森佩尔把建筑分成"结构"与"表皮"两套系统，并把表皮的生成原理与织物的编织相类比——这样的思路让所有非结构的建筑要素都获得了装饰性的潜力。这本宏论虽然并不专门针对建筑装饰，但却成为后来路易斯·沙利文、保罗·弗兰克尔等理论家讨论建筑装饰问题的起点，其中比较新近的影响正反映在弗兰姆普敦掀起的"建构"热潮里。

约翰拉斯金对装饰问题格外热衷，他写的《威尼斯之石》（Stones of Venice）里有一半篇幅都在谈装饰（decoration）。不过，他最有启迪性的装饰论点在他的《建筑的七盏明灯》（The Seven Lamps of Architecture）里，拉斯金把建筑比喻成用来陈设艺术品的展架——这样的观念产生了两种各走极端的神奇效果：一方面，装饰的地位似乎已经凌驾于建筑之上了；另一方面，拉斯金居然无形中把装饰从建筑上完全剥离开了，这让一座没有装饰的建筑从概念上隐隐浮现出来。仔细想想，奥托·瓦格纳和维也纳分离派[○]的作品几乎就

○ 原本 16 世纪的第一部建筑著作应该是塞利奥的老师——佩鲁齐（Peruzzi）的论著，但是佩鲁齐的书失传了，于是塞利奥的《第四书》就成了今天能读到的第一部。

○ 有些建筑史家把奥托·瓦格纳归入维也纳分离派阵营，不过，尽管分离派的主要骨干都是瓦格纳的学生，但瓦格纳本人却并不认为自己算是分离派的一员。

是拉斯金"展品 - 展架"逻辑的现身说法：那些贴附在建筑上的新艺术装饰固然比任何时代的建筑装饰都更加光彩夺目了，然而作为装饰"背景板"的建筑却也因此被清洗得干干净净——甚至比后来路斯、柯布西耶们的白房子还要干净（图2）。这或许就是建筑装饰在现代主义肇源时期"盛极而衰"的那个转折点吧？

路易斯·沙利文在《建筑中的装饰》（*Ornament in Architecture*）里跟拉斯金一样让"装饰"从建筑里独立出来，从而剥离出来一个被称作"体量构成"的同样干干净净的概念来。沙利文一定想不到，他就是这样满怀希望地把装饰送上了一条"不归路"。沙利文追随着森佩尔的织物理论，用陶土面砖尽情地编织了装饰在现代主义初期的末日狂欢。很多建筑史家把沙利文尊为现代主义"之父"，但是以建筑装饰的视角看来，他应该算是古典主义的最后一位吧？《建筑中的装饰》是建筑史上阐释建筑装饰最集中和精辟的文章，或许没有"之一"，文中的思想也正是本书里与阿尔伯蒂的装饰理论并驾齐驱的另外一块基石。

在沙利文的晚年，他还写了一本很薄的关于装饰的专著——《以人的力量的哲学为基础的建筑装饰体系》（*A System of Architectural Ornament According with a Philosophy of Man's Powers*），书中演示了借由古典几何法则何以幻化出各式美轮美奂的"有机生长"的装饰形式（图3），行文也如诗般空灵神秘……只是，沙利文的手法越是炉火纯青，就越衬显出古典装饰的晚景凄凉。

沙利文几乎凭一己之力把建筑装饰护送进了20世纪的大门——而大门另一头却是阿道夫·路斯如鹰一般严酷的凝视。其实，路斯对现代装饰的"有罪"判定不是道德上的，而是经济上的："社会一般劳动时间"创造没有装饰的建筑，这无可厚非，但如果不用"剩余劳动时间"产生"剩余价值"而是用它来做装饰那就是犯罪——对国力、对民生的犯罪。这让建筑的美学起点继哲学（数学）动机、宗教动机之后，首次开始与资本动机相接应，在资本洪流之下，建筑装饰难道真的万劫不复了？

但当从资本立场回归到建筑教育和学科的立场时，路斯在16年后的那篇《装饰与教育》里似乎又在悄悄修正自己的观点。在

图2 分离宫

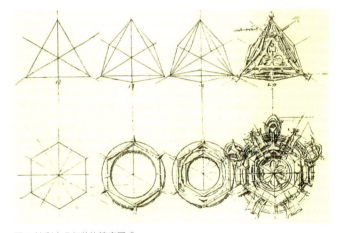

图3 沙利文几何装饰演变图式

这里，"古典装饰"不再是"罪恶"而成为"秩序"，尽管他仍不肯为"现代装饰"正名，但这仍然给在现代建筑语境下重提装饰问题留了个"后门"。

尽管现代建筑理论通常对路斯的回马枪秘而不宣，但路易

17

斯·康仍然从"节点"里再次发现了"装饰"的机会。这种从工艺中寻求装饰的方式，一方面保全了现代主义对技术表现的要求，另一方面却使装饰摆脱了在学科中的尴尬地位。路斯说装饰是"秩序"，而身兼建筑师与哲学家双重身份的康正是"秩序"话题的代言人。

比康略小几岁的意大利建筑大师卡洛·斯卡帕在他的建筑实践里"复兴"了建筑装饰的地位。从斯卡帕在建筑上的思想渊源来看，他的实践甚至是弗兰克·劳埃德·赖特或勒·柯布西耶建筑可能的去向之一。斯卡帕专擅改造建筑，当年装饰被从建筑上剥落下来，此刻它们终于找到了重新登场的绝佳舞台。

曾与康共事的罗伯特·文丘里则从历史文脉的角度为建筑装饰的再生开辟了另一片天地。但是"后现代"思潮在重遇装饰的新鲜感中走向了迷狂，文丘里的追随者们放弃了他有关"复杂性"的理性思辨，只是把应用装饰所导致的"矛盾性"推向了极端的简单化，这让装饰本来就已经饱受争议的声名雪上加霜，还没来得及透一口气的装饰再次丧失了"呼吸权"。

让人欣慰的是，总有一些讨论超然于时代潮流的喧嚣之外。有些学者似乎从未经历过现代主义，或者说，他们似乎进入了装饰从未获罪的那个版本的现代主义。他们从容不迫地继续着从阿尔伯蒂传承到沙利文的话题，似乎它从未间断过。

斯里兰卡哲学家——库马拉斯瓦米（Ananda Kentish Coomaraswamy）写了一篇题为《装饰》（Ornament）的文章，虽然文中大量涉及的是斯里兰卡本土的装饰艺术，但他的理论对西方建筑理论家诸如弗朗西斯科·达尔·科、冯·西姆森等都产生过极深的影响。

保罗·弗兰克尔在《哥特建筑》（Gothic Architecture）一书中表达了他独特的对建筑装饰的见解——他整合了勒-迪克的结构理性与森佩尔的"织物"理论，阐释了"哥特肋"作为装饰要素的一面，并由此重新定义了"哥特"（gothic）概念。他关于"装饰"与"功能"的讨论极富思辨力量。诸如弗兰克尔和冯·西姆森的研究工作也弥补了哥特建筑在理论研究上的缺失，虽然同是研究哥特，但他们的关注点却跟哥特研究的大宗师——勒-迪克大相

径庭，他们不约而同地被哥特建筑的装饰打动，在结构理性的"祖庭"耕耘着装饰艺术的花园。

意大利理论家弗朗西斯科·达尔·科关于建筑装饰的思想集中呈现在他1985年为《A+U》杂志的斯卡帕专刊写的一篇专题论文——《卡洛·斯卡帕》里。文中，他以库马拉斯瓦米、贝克特、卡尔·克劳斯、格农等人的哲学思想为基础，从"宇宙""度量""物质""秩序"等极其本源的哲学命题出发，对建筑装饰问题进行了宏大又入微的讨论。达尔·科的讨论不仅揭示了建筑装饰在建筑学里不可能被忽略的地位，更演示了装饰本身就是建筑学里最伟大的命题之一。

无法一一枚举。如果有兴趣，可以参考贝尔拉格学院（Berlage Institute）在2002—2003年第三期《历史与理论·技术纲要》（3rd Term History &Theory *Technology Program），标题就是《装饰的回归》（The Return of the Ornament），这是一部对既有论述的回顾性总汇读本，收录了路斯、柯布西耶、文丘里、哈尔·福斯特（Hal Foster）等人的相关论著。

总之，不管经典现代主义的拥趸们能否接受，装饰确实是回来了。

在教科文最新刊行的术语词条规范里，"modern"词条的标准汉译已经不是"现代"而是"近代"了……当然，"modernism"依然还是"现代主义"，但它已经开始渐渐与"当下"拉开时间距离，就像我们今天提到"摩登"这个词会觉得它竟充满着历史感，就像提及"未来主义"时感受到的历史感。

没别的意思，只是时过境迁，我们似乎也不必费尽心力去帮建筑装饰脱罪。我们应该了无牵挂地沿着阿尔伯蒂、塞利奥、沙利文、弗兰克尔、达尔·科们的思路展开对建筑装饰的观察；我们也可以饶有兴味地重新研读现代主义控诉装饰的罪状；我们还可以穿越回到柯布西耶和密斯的时代去试着"缉拿"那或许正逍遥法外的建筑装饰，看看那时的装饰是真的囚禁在不见天日的地牢里还是乔装改扮混迹于现代主义简洁、纯净的街市，向世人现出意味深长的狡黠笑容。

让我们好好聊聊建筑装饰，是时候了。

ornament 与 decoration

　　"装饰"在英文里两个最常用表达是 ornament 和 decoration。

　　抛开微妙的专业表意不谈，尽管存在含义上的重叠，但 ornament 和 decoration 在日常英文用法里本来就有些约定俗成的区分。ornament 倾向于表达独立的"装饰物"，它可以脱离环境或者语境而存在：餐桌上的花瓶，广场上的雕塑，或者顶棚上的吊灯都可以是 ornament。decoration 有个动词形式——decorate，于是有了"施加"的意味；上述的花瓶、雕塑之类当然也都是可施加的，但范围却远不止于此——外墙的饰面、内墙的抹灰以及头顶上的天花板等。这些单拿出来称不上 ornament 的东西也都可以是 decoration，所以 decoration 还有个极有建筑味道的中文释义是"装潢"——这是 ornament 无论如何都无法共享的释义。

　　据此，就不难理解路易斯·沙利文（Louis Sullivan）那篇关于 McVicker 剧院装饰工程的文章题名是 The Decoration of McVicker's Theatre，而他论述建筑中装饰物的意义的文章题名则是 Ornament in Architecture。相应地，在阿道夫·路斯的《装饰与犯罪》（Ornament and Crime）的英译本里，凡提到独立的装饰物都用 ornament，而涉及建筑、产品上的附加，则多用 decoration。这种应用范围上的区别，被清楚地显示在约翰·拉斯金（John Ruskin）所著的《威尼斯之石》（The Stones of Venice）的文本结构里：整部书被分成"construction"和"decoration"两部分，在"decoration"中则又包含了对诸如 ornament 或 ornamentation 的讨论。

　　意大利理论家弗朗西斯科·达尔·科（Francesco Dal Co）的做法最有意思。在他的那篇《卡洛·斯卡帕》里，可能是懒得区分，更可能是意识到刻意区分后可能在概念的交叉地带引起争议，达尔·科索性在关于装饰的阐述里把 ornament 和 decoration 两个词并用，确保所有相关的含义都能被一网打尽。

　　达尔·科这种浑不讲理的"概念包抄"看似是不得已的权宜之计，其实也算得上是最精确的巧法了。可独立评价的 ornament 与施加于其他对象的 decoration，它们的范围其实是成一种交集

而非完全包含的关系：在建筑中，那些出于建筑目的而施加的装饰（decoration），如果本身还有被独立评价的潜力，那么它也可以是 ornament；但并不是所有的 ornament 都有建筑意义——如摆放在教堂中的圣物，本身具备装饰性即可以称为 ornament，但即便它陈设于建筑之中，如果不产生建筑意义，它也不能被定义为 decoration。就此，也能看出路易斯·沙利文在字斟句酌间的苦心：他关于建筑装饰的那篇专论拟题是"Ornament in Architecture"，那个"in"用得讲究——在展开讨论之前，装饰是不是"建筑的"（architectural）还都另当别论，姑且只能说是"建筑中的"。

本体与再现

　　弗兰姆普敦在谈具体建筑师和作品的时候对装饰讳莫如深——他把斯卡帕那些显而易见的装饰操作小心翼翼地称作"节点崇拜"，巧妙地规避了关于现代装饰的敏感话题。但当他抽身出来梳理理论概念时却又激进得很：在《建构文化研究》绪论部分的《再现与本体》（Representational versus Ontological）一节里，弗兰姆普敦把 ornament 和 decoration 分别定义成"本体性装饰"和"再现性装饰"，声称前者对应"建筑核心的基本结构和本体"，而后者对应"表皮再现结构的组合特征"。就这样，关于装饰的讨论被牢牢地嵌进了那与现代主义价值观如此契合的"建构"命题。

　　粗看起来，弗兰姆普敦的二分法貌似与前文中基于语言应用范围的分法存在矛盾：在语言惯例中，ornament 独立于对象存在，而当它被描述为"本体性装饰"的时候，却成了建筑的"本体"；而原本定义中更依附于建筑的 decoration，却成为指向建筑之外的"再现"。

　　这种矛盾，很可能源自增加了建筑视角后对装饰问题进行的再描述——换句话说，这反映了"建筑装饰"与"装饰"在本质上的不同。一旦"装饰"（ornament）被定义为"建筑装饰"（architectural ornament），那么"建筑"就成为它毋庸置疑的先

天特征，成为装饰的"本体"所在，这让建筑装饰得以与其他的装饰区别开来；因此，ornament 那原本可以独立于被装饰对象存在的特性，就变成了它的"建筑特性"针对"非建筑特性"的独立。而 decoration 作为施加于建筑对象上的要素，恰恰意味着它原本不属于建筑的"本体"，这与 ornament 所具有的建筑本体性相反；既然不属于建筑本体，那么它作为建筑要素一定指向了建筑之外的什么，这种指向就是所谓的"再现"（representation）。

这些逻辑听起来拗口，其实也可以暂不理会，因为关于这些层出不穷的概念，理论家们自己也很难达成共识。

比如，弗兰姆普敦把"再现"与"本体"分别与美国理论家哈里·马尔格雷夫（Harry Mallgrave）提出的"象征"与"结构"对应起来。之所以产生这样对应，是基于森佩尔曾经做过"表皮"与"结构"的二分，比起结构的真实性来，表皮看起来确实有更广阔的表现空间——问题是，真的可以据此就把"表皮"与"象征"对应起来吗？弗兰姆普敦的依据很有意思，他引述了一段马尔格雷夫对森佩尔的讨论，里面刚好提到了"surface ornamentation"与"surface decoration"，"结构性"与"非结构性"：

> 森佩尔提出了具象表皮（figurative masking）的观念，而贝尔拉格又将这一观念转化为一种真正意义上的表皮（literal masking），其表面的本体性装饰（surface ornamentation）、材料以及结构元素等，与表面的再现性装饰（surface decoration）似乎已经相差无二致，都与它自身的结构性和非结构性作用的表现相关。

弗兰姆普敦似乎默认马尔格雷夫分开表述的 ornamentation 和 decoration 就是指他的"本体性装饰"和"再现性装饰"了。

不过，《建构文化研究》的中文版译者——王骏阳显然并不完全赞同原著者的看法。他专门为此写了一段很长的译者注，在里面列举了阿道夫·路斯、路易斯·康等在这个问题上所持的各自不同的态度，还意味深长地引了《历史主义时代的建筑原则》（*Architectural Principles in the Age of Historicism*）中对 ornament 和 decoration 的辨析，指出书中将 ornament 定义为"功能性装饰"，将 decoration 定义为"结构性装饰"——这与弗兰姆普敦将 ornament 对应于结构的观点恰恰相反。王骏阳举出的一系列反

例表达了一种非常严谨的批判态度：对这一问题的理解原本是多元的，ornament 与 decoration 跟"本体性"和"再现性"之间的对应关系绝不是先天自明的！换言之：弗兰姆普敦可以在自己的论述里如此定义，但当他想当然地把这样的定义直接套用在别人的理论里时，则难免生吞活剥。

这种来自译者对原著者的尖锐质问读起来异常精彩，也极具启发性。其实，"功能性装饰"和"结构性装饰"的概念也来自王骏阳的提炼和选裁，在《历史主义时代的建筑原则》里原本是这么说的：

> "ornament"是对阐明（建筑的）功能和目的起丰富作用的；而"decoration"则作用于（建筑的）真实的结构。

可以这么理解：ornament 是用来装饰建筑的功能，而 decoration 则用来装饰建筑的结构。无论功能还是结构，都指向建筑的本体，从这个角度上来看，它们似乎都不必与象征产生联系……

从森佩尔到马尔格雷夫再到弗兰姆普敦，单独观察每个人对装饰问题的辨析似乎都是清楚和雄辩的；而当王骏阳拔高视野俯瞰这一切、并且把路斯和康们也拖入这场论战时，问题又重新陷入了无休止的纷争，各色概念、各种解析纠缠扭打在一起，难解难分。不过不管怎样，这热火朝天的论战起码证明了一件事：装饰总算是回来了！

比起弗朗西斯科·达尔·科那种不偏不倚地把 ornament 和 decoration 打包起来表达装饰概念的圆滑态度，诸如王骏阳与弗兰姆普敦之间的辩论总能激发出更多有价值的思考来。至少，弗兰姆普敦充满争议的二分法启发了我们这本书接下来要展开的讨论。

本体性（ontological）与再现性（representational）的二分为装饰的讨论提供了非常有潜力的视角。但是，本书不打算投身于对 ornament 与 decoration 的辨析之中——上述诸位理论家对这个命题的讨论足够充分了，没有笔者置喙的余地。后面的讨论仅借用"本体性"与"再现性"两个概念在建筑学里最俗常的含义："**本体性**"指向装饰所表达的"**此建筑**"的自身特征，即这座建筑的本体；而"**再现性**"则指向某些"**此建筑**"以外的特征，即借由

装饰来再现作为"他者"的内容，这种再现带有马尔格雷夫的"象征"的意味。

如果从这个视角来观察，诸如《历史主义时代的建筑原则》里所提到的无论是"功能性装饰"还是"结构性装饰"，因为无论功能还是结构都是指向建筑自身的特征，那么它们就都是本体性的；而当借由建筑装饰来表达诸如人体、神话、民族图式等"非建筑"内容时，则是再现性的，以及，当一座建筑的装饰指向此建筑以外的"彼建筑"（其他建筑）时，也是再现性的——最典型的例子是当建筑装饰用于呈现某种特点的建筑风格。

最后，对于马上将要沿着"本体性"与"再现性"的话题展开的关于建筑装饰的讨论，还有三点说明要嘱咐各位读者。

其一，尽管基于"本体性"与"再现性"的视角深受弗兰姆普敦在《建构文化研究》里对 ornament 和 decoration 这组概念的精彩辨析的启发，**但当本书在后面的篇幅里展开讨论装饰问题时提到"本体性"与"再现性"时，那并不是与弗兰姆普敦的"本体性装饰"与"再现性装饰"相吻合的概念。**如果用本书的论点与《建构文化研究》中的观念相互印证，那带来的误解恐怕会多于启发。好消息是，如果读者仍对前文所管窥的弗兰姆普敦、马尔格雷夫、王骏阳等理论家的观念感到困惑，没关系，那并不影响对本书的理解。

其二，本书并不着意区分 ornament 与 decoration 在用法上的差异。其实，由于是基于中文思考和写作，在多数语境下是感受不到前述那些基于西文讨论的理论家们的困境的——当我们提到"装饰"两个字时，它在中文里所表达的意思已经自然涵盖了 ornament 和 decoration 所可能涉及的各种含义，不动声色地达成了达尔·科将两个英文词汇并置的效果。因此，**读者完全可以从"装饰"这个中文词汇最通俗的含义出发来理解本书的讨论**。相比起来，尝试分辨"装饰"与"建筑装饰"的区别对理解本书更有益处。

其三，由于有几个重要问题在本书写作完成时仍没能找出答案：比如，是否存在某种"再现性装饰"真的能独立于建筑本体存在，只呈现象征意义，而它同时还能被称作是"建筑的"？以及，是否存在某种"本体性装饰"能完全出自建筑的自身逻辑而隔绝任何"他者"的因素，而它同时还能被称作是"装饰"？因此，**本书中所提及的那些建筑装饰的经典案例，都不会被定义成是"本体性装饰"或者"再现性装饰"，我们仅讨论这些建筑装饰中所呈现出的本体性和再现性**。由是，同一个建筑装饰里可以并存着本体性和再现性，可能某一性占统治地位，也可能难分伯仲，可能互相成就，也可能彼此消解……

第二章 阿尔伯蒂与沙利文

秩序——从柏拉图到路易斯·康

装饰与秩序

阿道夫·路斯在《装饰与教育》里说："古典装饰为我们日常用品的形成带来了秩序，规范了我们的形式……"反装饰运动的急先锋居然把"装饰"与"秩序"等同起来了，何以至此？

弗朗西斯科·达尔·科在那篇评论意大利装饰大师的文章——《卡洛·斯卡帕》里对秩序与装饰的关系做了更哲学化的论断：

那来自"混沌"（chaos）的"秩序"（order）的差异，就暗示着"装饰"（ornament）。在标明其"度量"，也就是将"装饰物"具体化之前，秩序的形式是不可能被表现的。

这段天书般的经文引自法国哲学家——洛内·戈农（René Guénon）。"混沌""秩序""度量""形式"，每个词条都宏大无比。那意味着装饰的秩序意义绝不仅仅是建筑师们的一厢情愿。

也许不是所有建筑师都能准确地洞悉秩序的含义，然而每当有理论家或者建筑大师提及"秩序"，几乎所有建筑师都能明白：那很重要，甚或很神圣。身兼建筑师与哲学家双重身份的路易斯·康那句"order is"的谶语至今仍让世人浮想联翩。

在装饰与秩序之间，一定存在着某种密不可分的关联。无论对装饰的态度是排斥还是热衷，路斯和达尔·科都能对这种神秘的关联心照不宣。有意思的是，为路斯文集作序的阿道夫·欧佩尔（Adolf Opel）在序言开篇就提到了路斯对柏拉图的阅读——在西方思想史上，对秩序的系统化求索正是从柏拉图的《理想国》开始的。

《理想国》中的神谕秩序

为了探求"善"（在艺术中即谓"美"）的真谛，柏拉图在《理想国》里假借苏格拉底之口虚拟了理想城邦的从无到有、从初生到壮大的发展历程。

构建理想国的逻辑起点是：人，能且只能从事一项他所擅长的、由他固有本性所决定的工作——非如此不可，否则若人能身兼多项技艺，那么由多人所构建的城邦就无从谈起了。

从这个前提出发，城邦最初的臣民是三个人：裁缝、农民和瓦匠——这三个人满足了城邦里衣、食、住这三样最基本的生存需要。所以在某些西方早期的数论里，自然数是从"3"开始的；而且，无论在东方还是西方，"3"都意味着"多"。

基于前述的逻辑起点，这三个人只能从事他们各自的工作，于是，出于对工具、生活便利等后续的需要，木匠、铁匠、厨师和鞋匠成了第二批进驻城邦的公民。随着再下一步的需要的产生，第三批进入城邦的是牧人、商人、工人、磨坊主……就这样，随着需要一步一步地逐级扩大，越来越多的公民也分批次不断涌入城邦，一派繁荣气象。

到这一步，柏拉图发问：

那么在我们城邦里，何处可以找到正义和不正义呢？在我们上面所列述的那些种人里，正义和不正义是被哪些人带进城邦里来的呢？

一个古怪却雄辩的事实突然被摆在面前：此时的城邦并不需要所谓正义或者善。是的，每一步发展的推演都基于上一步的"需要"，无论善与不善，最终都必然得到这种非此不可的结果；此时的城邦不需要"奥林匹斯诸神的旨意"，不需要引入"秩序"。

可见，"秩序"并不是从一开始就被人所需要的。

随着城邦的不断扩大，柏拉图为公民们组织了一次盛大的宴会，由于城邦里所有的一切都基于清晰的逻辑必然，甚至宴会上可能提供的食物都可以依据城邦中的人员和物料被推算出来。

这时，有人提出了一个关键的命题：

不要别的东西了吗？好像宴会上连一点调味品也不要了……还要一些能使生活稍微舒服一点的东西。我想，他们要有让人斜靠的睡椅，免得太累，还要几张餐桌几个碟子和甜食……

之所以称这句抱怨为"关键的命题"，是因为在这个完全由"需要"一步步催生出来的城邦中，第一次出现了"不止于需要"的诉求——关于奢侈的诉求。这是一个里程碑式的转折点，此后的城邦开始随着欲望的膨胀而扩大。为了满足各式各样的奢侈愿望，城邦里又多了猎人、模仿形象与色彩的艺术家（雕塑家和画家）、音乐家、诗人……这注定是无休止的扩大。

疆域无休止地扩大，导致了战争的爆发，这也是古希腊时代的史实。此时，战士成为必需——这是柏拉图理想城邦中的另一个里程碑。

此前出于各式需要——抑或欲望——被纳入城邦的公民，都能通过需要来描述他们的本性。而战士的本性应该是什么样呢？战士既要对国人仁爱，又要对敌人残忍，柏拉图认为这有悖于一个人只擅长一种技艺或只具备一种品质的前提。这种两难的境地，已经不可能经由前述的"需要"原则来解决了。人无法做出权衡，就只能呼唤神的晓谕——此刻，才是讨论"善"的开始；此刻，秩序（order）才成为需要。

有趣的是，英文里"order"一词除表示"秩序"外，更常用的意思是"命令"，它并非来自自发的习得，而需经由外在的施加，恰似理想国向诸神恳求神谕。

农民、裁缝、瓦匠们无所谓善或不善，城邦只考察他们能或不能；而战士的秉性问题才关乎所谓善，那在逻辑范畴之外，于是成为神的使命。人需要知道什么是善，于是人需要神，所以神必须是善，是最极致且纯粹的善——在雄辩的逻辑必然下，柏拉图提出了至关重要的哲学命题：神至善。

在"神至善"的命题之下，有两条必然的推论。

推论一：神不导致一切，神只导致善。如果神既能导致善也能导致恶，那么在理想国遭遇战士本性的困惑时就不会求助于神了。这其实也是后来尼采关于"上帝"与"超人"的哲学思辨的起点渊源。

推论二：神不变。既然神已臻至善，那么如果神可变，就只能变坏，变坏的神就不再是至善的，对于理想国的需要而言，那就不再是神；如果神能变得更好呢？那就说明他之前不是至善的，"神至善"的前提也就不成立了。西方哲学里的绝大多数真知都来自这种雄辩的逻辑悖论。柏拉图甚至以此为基础删减了《荷马史诗》里大部分有关诸神变化形态以及说谎的内容。

顺着柏拉图的哲思，就可以试着聊聊路易斯·康的那句"order is"了。

"order is"

1955年，路易斯·康在耶鲁大学建筑学报发表了《秩序与形式》（*Order and Form*），此后，文章开篇的那句"order is"遂成名言。从句法结构上，那像是一句没说完的话。鉴于康的"诗哲"身份，这句谶语究竟是诗意的欲语还休还是哲学的精确描述，始终无从定论。王维洁把这句谶语雅致地翻译成"道者"，这比"秩序是"的译法更显余韵悠长，但到底没有道破康的玄机。为了更准确地保留这句话原有的结构，在此姑且仍直译作"秩序是"。

鉴于秩序在西方哲学里的核心地位，我们尝试追寻这句话在哲学上的完整表意或许对建筑学能有更直接的帮助。既然路易斯·康表述的玄机在于此句的语法，那么解开玄机的方式就只能是找到"秩序是"作为完整表意的句法解释。

不卖关子，海德格尔在《存在与时间》里讨论"存在"的含义时，出现了与"秩序是"相同的表达——"存在是"。这样一来，要是能初探海德格尔的存在论逻辑，也就找到了解开"order is"迷局的钥匙。

对"存在"的探究，是海德格尔哲学的起点。"存在"是先在和自明的，而且具有这世界上最高的普遍性：

"'存在'这个概念是不可定义的。这是从它的最高普遍性推论出来的。"

因此，我们通常只能用"存在"来描述世间其他事物，却无从描述"存在"本身。于是，描述"存在"，就成了海德格尔哲思的第一个任务。

某种意义上，海德格尔继承了笛卡尔追寻存在的逻辑方法。笛卡尔的逻辑线索是"怀疑"，他怀疑世间的一切，最终在"怀疑之怀疑"处找到了他的逻辑起点：世间最不可怀疑之事，就是"我在怀疑"——如果它可以怀疑，那么说明我正在怀疑；如果它不可怀疑，那么证明"怀疑"乃是不可怀疑的。这跟柏拉图"神不变"的悖论结构也是如出一辙。从"我怀疑"出发，笛卡尔开启了他的逻辑推演之旅——"我怀疑"所以"我思考"，"我思考"所以"我存在"……后来，"我思故我在"成了笛卡尔的名言，用来鼓励乐于思考的人，实在是风马牛不相及的。

恰似笛卡尔的普遍怀疑，海德格尔选择的逻辑线索是普遍"追问"。海德格尔追问世间万物，"天是什么？""我是什么？"……一直到"存在是什么？"恰似笛卡尔的逻辑起点发生在"怀疑之怀疑"，海德格尔的逻辑起点正在"问之所问"。

"XX是什么？"这则发问的语法逻辑里有三部分，其中："XX"即是问之所问；"是"（即康之"is"）是一个表意微妙的动词，问题的玄机也全在这个"是"上；针对"什么"的回答则是对问之所问的描述，如"天是蓝的""我是快乐的"等。

从逻辑上，在准备发问之时，事实上已经事先确认了"问之所问"的存在。比如在"天是什么？"这个问句里，问之所问就是"天"，"是什么"则是对问之所问的存在形式发问。为什么可以对"天"的存在形式发问呢？因为"天是什么？"这个问句隐含着宣告了一个前提性的事实，即"天是存在的"。说起来有点儿绕，但不得不如此：所有对问之所问的发问，其实都在宣告着问之所问的存在。发出"天是什么？""地是什么？""人是什么？""神是什么？"的问句时，其实都意味着陈述了"天""地""人""神"的存在。

接着，到了见证奇迹的时刻。现在把"存在"带入问句的问之所问，重新得到"存在是什么？"这个问句——逻辑好像出问题了。当问之所问成了"存在"，我们就不可能提前确认其存在了——不能简单地将"存在"理解为"存在者"；"XX是什么？"这个问句可以用来宣告一切的存在，唯独无法宣告"存在"之存在，或者说"存在"无法超越它自身而定义它自己的"存在形式"……这是个重要的悖论。就如笛卡尔的"我思"及"我在"都是基于"怀疑之不可怀疑"的悖论获得的，海德格尔的"存在"即将基于"问之所问"以及"存在之存在"被定义出来。

如海德格尔所说："'存在'这个概念是不可定义的。"因此，不可能用逻辑推导的方式获得"存在"的定义，因为没有"存在"

之前的前提来推导它，就像数学推导里作为起点的公理——无论它看起来多么天经地义，都无法被证明。唯一有可能的方式是：直接展示"存在"本身，并通过展示方式的自身特征来显示"存在"的特征。

怎么展示呢？这就要回到语法逻辑：在"天是蓝的"（或者"天是什么"）中，"天"是问之所问，"蓝的"（或者"什么"）是存在的方式，"天是"则意味着对"天"作为问之所问的存在的确认。那么，当问之所问是"存在"时，"存在"没有存在的方式，"存在"只意味着"存在本身"，即"存在之存在"。因此"XX 是什么"这个句式对于"存在"的完整表达就只能是"存在是"——这个句式完美地宣告了存在之所存在。

这就是对"存在"最精确的展示：**"存在"通过"存在是"这个完整的句式被展示出来。**句子末尾可以加上句号——"存在是。"在德语里，问题更加有趣，因为德语的"存在"（sein）本身就有"是"的含义。

像"存在"这种能被"其自身"及"其语法关系"两者展示的命题，被海德格尔称作是"自明"的。"自明性"在建筑学里的意义也是不同寻常的，只不过如果用海德格尔的标准来评判，如今在建筑学理论里很多号称"自明"的东西似乎都名不副实——大有将"独立表现性"偷换为"自明性"之嫌，当然这是外话。

海德格尔展示了"XX is"是一个如此宏大的句式，它并非欲语还休，而是一个针对自明的"存在"的独立且精确的完整表述。

再回到康的"order is"，道理就很明白了：康把"秩序之存在"抬上了与"存在之存在"相当的地位。这个句式意味着：**秩序没有存在的方式，秩序的存在就是秩序本身；换言之，秩序就是秩序，秩序是自明的。**也许康唯一对不起海德格尔的地方是在句末少了个句号——不过《秩序与形式》里那段刊印出来的哲诗，通篇都没有标点符号。

有必要说明的是：上述基于《存在与时间》里存在论的基本原理（即"存在是。"）对路易斯·康"秩序是"的解析，目前仍仅能算是我的一家之言。在路易斯·康本人的其他论著里从没有提及关于"存在是"的思想渊源；而基于我自己有限的涉猎，在那些更可信任的建筑理论家对康的研究里，也尚未见到类似的援引海德格尔的理论支持。所以，读者浏览以上论证时当多警惕。不过，这也许就是理论与史论的微妙差别吧，可以苟安于道理上的雄辩或者能提供些启发，至于事实是否如此既然暂时无从考证，就先留作公案放着吧。

以及，几年前读到过王维洁的一篇《诠 Order is——试论路康 Order 理论》。虽然在正文里没有展开，但在对"道者"的注释里却非常谨慎和谦卑地提出假设："order is 有可能指道即存在本身；亦有可能是康没把话说玩（完），两种可能性都有证据可支持。"王维洁没有提及海德格尔，但那句"order is 有可能指道即存在本身"的假设仍然让笔者如遇知音而备受鼓舞——不过，如果王维洁没有读过《存在与时间》，那么他关于秩序与存在的领悟也未免太敏锐了吧……

建筑学与秩序

路易斯·康善谈秩序，不单因为他的哲学家身份，更因为秩序与建筑学的关系莫大。

柏拉图追索秩序的起点是"人能且只能从事一项他所擅长的、由他固有本性所决定的工作"；在康的建筑里，每个建筑元素也遵循着这种单一功能的表现原则，比如他总是如此执着地区分着承重构件与非承重构件（图 1）。

这样的做法不是简单地附会柏拉图的思想片段，康从柏拉图的起点出发，让他的建筑走上了理想国的完整的逻辑链条。对诸如承重与非承重的表现，其实是对理想国里出于"需要"的条件的梳理，那相当于让裁缝、农民和瓦匠走进了城邦——至少在森佩尔的建筑观里，作为支撑的结构与织物般柔软的围护就构成了建筑要素最清晰的第一道分野；在马尔格雷夫那里，结构的承重也是建筑最雄辩的需要。

只有在不断让建筑的结构或功能需要具体为清晰的形式——就如宴会之前的理想城邦的建立历程——才能在奢侈的欲望降临之际敏锐地意识到那一刻的来临。路易斯·康几乎在建筑学语境下把柏拉图的理想国重新讨论了一遍，对他而言，最关键的里程碑恰恰就在"需要"与"欲望"际会的一刻。因此，对"需要"（need）与"欲望"（desire）的辨析，也成了康最重要的建筑学哲思之一。

康在《与建筑师对话》（*Conversations with Architects*）里说：

需要（need）来自已呈现的东西，它是对已呈现之物的一种度量（measurement）。欲望（desire）是对尚未呈现之物的一种观念。这就是需要和欲望的主要区别。

在柏拉图的理想国里，不正是那句关于宴会奢侈欲望的抱怨，开启了潘多拉的魔盒吗？此后城邦的发展就超出了柏拉图能用逻辑精确度量它的范围之外，最终，对战士本性的未知迫使公民们向诸神祈求神谕……康在《普瑞特艺术学院演讲》（*Lecture at Pratt Institute*）里剖析得更加细致：

这就是我们工作的美妙之处，因为它关乎心灵深处，那些未及启齿的和尚未创生的东西从何而来。我认为这对每个人都至关重要，因为欲望（desire）比需要（need）更重要。不能满足需要是可耻的。就算国家满足了我们的需要，也不能认为是一种成就。如果你被带到这个世界上，那一定是一件已成定局的事情。但需要不能阻止欲望，不能阻止那些未及启齿的和尚未创生之物的品质，欲望就是活着的理由。

是的，不能满足需要是可耻的，但即便满足了需要也没什么了不起，因为那无非像欢宴之前的柏拉图城邦一样——一切皆成定局；只有欲望，能开启那些未知却奇妙的世界的大门。不仅如此，康居然还效法柏拉图勾画了那种在"欲望"驱使下的"需要"，那正是柏拉图城邦从宴会到战争发生之前的发展历程——"欲望创造新的需要"：

贝多芬创作"第五交响乐"之前，世界需要它吗？贝多芬需要它吗？贝多芬发生了对它的欲望（desire），而世界的需要（need）尾随其后。欲望创造新的需要。

在"新的需要"不断地涌现之后，紧接着就要进入秩序的讨论了。

秩序，就是超越需求之外的、具有如神谕般绝对规定性的法则，它无法由逻辑推导出来，却雄辩不可置疑。康在《秩序与形式》

图 1 金贝尔美术馆墙与屋顶脱开，来源：flickr 用户 Edsel Little

里提出"Thru the order——what"，意思是：从秩序，我们才知道"是什么"。那正是秩序的神谕。此后，才有了"混凝土想成为花岗岩""砖想成为拱"之类貌似神秘主义的传奇论断，而在埃克塞特图书馆里，砖又告诉康它不想成为拱了……这些都是从"需要"（建筑的结构或者功能）推衍不可能得出的结论，那是属于"秩序"的范畴——从秩序，我们才知道"是什么"。

秩序回答了人类造物最终极的"是什么"的问题。比如，柏拉图源自"神至善"的两条推论，派生出了西方艺术的两项重要原则：由"神只导致善"推出了"美的绝对性"原则；由"神不变"推出了"几何不变性"原则。"美的绝对性"原则给西方美学的标准定了调子：摒除了以感官刺激和个人好恶为前提的审美评价，把对美的评判标准诉诸算术、几何、音乐等可量化描述的客观法则。而"几何不变性"原则为包括建筑在内的基于图像的艺术门类提供了非常具体的操作范式和评价标准——多立克柱式的无上地位就来自它面面相同的"几何不变性"特质（图 2）。

因此，对于建筑学而言：秩序规定了"是什么"（what），而设计则是为了达成秩序目标的具体操作（how）。路易斯·康为秩序在建筑学的"临凡"物色了一个极具建筑色彩的"转生"词汇——"形式"（Form）。他在《秩序与形式》里对"本性"（nature）"秩序"（order）和"设计"（design）的完整总结是：

由本性——为什么（Thru the nature—why），

由秩序——是什么（Thru the order—what），

由设计——怎么做（Thru design—how）。

而这套逻辑到了《形式与设计》里成了：

形式是"什么"；设计是"怎么"。（Form is "what". Design is "how".）

把对应的表述联立起来，不难发现在康的语境里"形式"就等于"秩序"。康所指的"形式"（Form）与一般建筑表达里被极度具象化和普遍化的"形式"不可同日而语，他首先把"形式"（Form）跟"形状"（shape）区分开——确实，多数对"形式"的日常化表述实质上更多是在表达"形状"而已——接下来对"形式""秩序"以及"度量"的阐释简直与弗朗西斯科·达尔·科所引述的洛内·戈农的议论如出一辙：

形式的起点。形式（Form）包含了系统的和谐，包含了秩序（order）的观念，它勾画一个又一个存在的特征。形式（Form）没有形状也不可度量（unmeasurable）。

其实，"可度量"与"不可度量"是康用来诠释"设计"与"形式"的逻辑钥匙，不过鉴于本文的建筑装饰主题，关于这个话题的讨论最好先到此为止了。

既然柏拉图是在宴会上从来自欲望的需要出发最终引出了神谕的秩序的，那么康在《形式与设计》里说"形式追随欲望"（Form follows desire）也就是毫无悬念的事了。

回到建筑学上来，既然康认为人写的"形式"（Form）⊖是发生在欲望之后的秩序的化身，那么建筑学的真正价值也应该在紧随着欲望而追寻秩序的过程中绽放出来，这是为什么康认为在

<hr/>

⊖ form 一词通常意义指"形式"，如后文将在沙利文的讨论里出现的 form 就表达形式的意义。但 form 在哲学里也是用来翻译柏拉图哲学里"理念""理型"的英文术语，这时就会用大写（Form）来与俗常的含义区分。本书中其他哲学术语同理。在康的讨论里，形式是一语双关的概念，都带有柏拉图哲学的含义，因此康本人的措辞里也都会用大写（Form）。

图 2 多立克柱式

建筑学里"欲望比需要重要"。恰似如果没有欲望城邦就不需要正义或者善，如果没有欲望也就没有建筑学。

在措辞比较考究的建筑学论述里，都会审慎地区分"房子"（building）与"建筑"（architecture）。这两个概念在俗常的汉语应用里区别并不大，然而这两个词汇在英文里的区别还是明显的——在绝大多数语境下都用"building"而极少用"architecture"。仅从需要（need）出发，人类当然是可以建造庇护的居所的，那就是"房子"（building）；而只有当房子获得了建筑学的足够高的评价的时候—或者说，在涉及了秩序的命题的时候——才能被称作"建筑"（architecture）。"architecture"除了在上述情境下表达建筑，同时也用来指代学科意义上的"建筑学"；建筑学的意义很大程度上就在赋"房子"以秩序的工作——在中世纪，将上帝比喻成建筑师（图 3）的说法是广为流传的。

再让话题回到装饰上来。在建筑学里，如果功能（function）是繁衍自需要（need）的产物，那么，从定义上就脱离了功能意义的装饰就有了与秩序建立起关联的可能。出于这种关联，哥特建筑时期的沙特尔教派同化了"装饰"与"秩序"的概念，奥托·冯·西姆森（Otto von Simson）在《哥特大教堂》（*The Gothic Cathedral*）一书中指出：

图 3 上帝建筑师

对沙特尔的神学家而言，宇宙作为上帝建筑师的建筑作品的观念是至关重要的，因为他们假设了创造的双重行为，起自混沌（chaotic）的创造表明，装饰（ornament）也就是秩序对物质（matter）的"修饰"（adorning）。

"混沌""物质""装饰"，这又是洛内·戈农式的陈述！是什么力量让装饰与秩序的关联在穿越了从中世纪一直到现代的漫长历程后仍然保持着如此一致的共识？最先系统性地把这件事讨论清楚的是文艺复兴的建筑大师——利奥·巴普蒂斯塔·阿尔伯蒂。

阿尔伯蒂

关于"美"

美，是人类艺术最宏大的命题了。于是，对于美"是什么"（也就是康的"what"）的问题也就必然属于秩序的范畴。"秩序"的概念在哲学的概念树里处在极高的层级，它统领着若干不同的领域：在科学、哲学对世界本质的讨论里就意味着"真"，在诸如《理想国》里追寻正义道德的讨论里就意味着"善"，而在艺术里，那就是"美"。

装饰，当然是关乎美的——在经历本文的探索之后，我们甚至会发现它只关乎美。

因此，阿尔伯蒂完全不必论证装饰与美的关联，相反，他在《论建筑》里仔细地辨析了"装饰"（ornament）与"美"（beauty）的区别：

对于美和装饰的精确本性，以及两者间的区别，观念上的感知也许比我言辞的解释更加清晰。简短起见，还是让我们这样定义二者——美（beauty），是实体各部分的有理的和谐（reasoned harmony），所以不能损益或是改变哪怕一点，除非欲使其变坏……装饰（ornament），也许可以定义为对美的辅助或补足。于是我相信，美是内在属性，弥漫于整个被评价为美的实体；而装饰，相对于内在，是某种附加的或附属的特性。

对"装饰"的理解，是与对"美"的认识相伴相生的，或者说装饰就是一种附加的或者辅助性的美。

长久以来，对"美"就有着"理性正确"和"感官愉悦"两种迥异的理解。典型的例子是对维特鲁威在《建筑十书》（De architectura libri decem）中提出的"venustas"（美）在英译上的差别，存在"attractive"（吸引人的）和"beauty"（美）两种译法。其中"attractive"就带有强烈的视觉愉悦或者感官刺激的色彩，比较流行的汉译——"美观"也表达了这种有主观意味的倾向。相比起来，阿尔伯蒂对"美"的观念更倾向于表达它作为理性原则的一面。

在阿尔伯蒂的美学体系里，美兼具绝对性、内在性和精确性。作为西方艺术的核心，这几种属性都可以任柏拉图的《理想国》里找到确切的位置。回顾柏拉图"神至善"的命题：第一，神不导致一切，神只导致善——对应"绝对性"；第二，"至善"不可能被外界因素所改变或动摇——对应"内在性"；而神的不变性又同时意味着"精确性"。阿尔伯蒂对美"不能损益或是改变哪怕一点，除非欲使其变坏"的论断，正由此而来。

通过对美的"绝对性"——即公理的不可讨论性——的评述，

阿尔伯蒂排除了把个人的感官体验作为美的评价标准的可能性。他在《论建筑》里驳斥了有关美的"相对性"与"可变性"的说法：

那些坚持认为美（事实上是建筑所有层面）遵循相对的（relative）和可变的（variable）标准，并认为建筑形式是随个人品位变换，而不是基于任何艺术法则的人，他们因无知而产生的谬误是——否认一切他们所不理解的存在。

这是一种基于纯粹理性的美学定义。

追随着柏拉图的体系，阿尔伯蒂把理性美的操作法则托付给数学原则：

无论如何，如果它们（指建筑）的构成不是被秩序（order）和度量（measure）精确地控制，那么它们将看起来一文不值。每一个独立的要素都必须依照数（number）来布置，如此左右、上下才能相互平衡，没有什么能干扰这种布置或秩序，所有的要素都依特定的角度和比例线来安排。

又是"秩序"和"度量"……当然不能说"又是"，因为阿尔伯蒂可比路易斯·康、戈农和达尔·科们早得多了。

如果更严格一点界定，这里的"数"（number）是指数论（number theory），是对数的特性的研究，数论与算术学（arithmetic）、几何学（geometry）都是数学（maths）的分支。在西方古代数论里，一些特定的数具备某种神秘或神圣的意义，比如在毕达哥拉斯 - 柏拉图（Pythagorean-Platonic）的数论体系里，6 被视为"完全数"，10 被视作"完美数"（perfect numbers），维特鲁威在《建筑十书》里也强调了这两个数的特殊性，到了阿尔伯蒂的版本里，神圣的数字又增加了一个 16。

基于数学的美学方法，实现了美的"绝对性"和"精确性"，这给建筑形式的确定提供了明确的操作法则和清晰的评价标准。但是，有关"内在性"的论述，又几乎把所有的建筑操作都逼上了绝路：既然美不可能被外界因素所改变，那么建筑师还有操作美的余地吗？美弥漫于实体，却又不是任何实体本身——既然脱离了物质，那么美在保有精确性的同时，又不可能被度量……然而建筑的过程，恰恰是度量的过程。如此一来，建筑师面对美的时候既显得无能为力又无法漠不关心，真是进退两难。

这种不可度量的精确性，与路易斯·康所描述的从"无可度量"到"可度量"再回归"无可度量"的交替过程遥相呼应：建筑过程起始于不可度量的原点，经由可度量的物质操作，而最终要接受不可度量的"美"的评判。康的口诀似乎帮建筑师找到了出路，但是在可度量的物质中实现不可度量的美，仍然显得有些玄奥、难以把握。

我们只能先把眼光放到建筑里那些可度量的物质操作层面上来——只要将"这些"勾画清楚，"那些"或许也就无可遁逃了。维特鲁威把评价建筑的标准归结为"坚固"（firmitas）、"适用"（utilitas）和"美"（venustas），这三要素在后世成了贯穿整部建筑学历史的基本原则。其中前两项——"坚固"和"适用"刚好围合出了建筑在物质实现上的边界："坚固"反映了大自然力学法则对建筑的强度要求，而"适用"则从人的使用需求角度实现了建筑存在的意义。自然法则和使用需求都是物质层面的，因此它们都是明确的，清晰的，可测量的，甚至是可计算的——总之，是可度量的。

阿尔伯蒂当然深知这种区分的必要性。他模仿维特鲁威把《论建筑》分成"十书"：其中《第二书·材料》和《第三书·结构》用来讨论"坚固"问题，《第四书·公共建筑》和《第五书·私人建筑》用来讨论"适用"问题，其余从《第六书》到《第九书》则全部用来讨论"美"。其实，在阿尔伯蒂的"十书"之前，维特鲁威的三要素还没得到如今的关注，正是阿尔伯蒂在《论建筑》里的分章结构给这三要素赋予了教科书纲要式的无上地位。

为了方便把物质因素与非物质因素对应起来，现代主义以来（或更早自 17 世纪起），通常把"坚固"和"适用"归纳为"功能"（function）。这样，寄托于物质的"功能"与超脱于物质的"美"就形成了一组对仗关系，构成建筑学全部身形。功能与美，在概念上泾渭分明，而呈现在建筑里却又水乳交融。

无论如何，物质层面都是更容易讨论的，建筑理论里一切难以言说的话题几乎都与非物质的美有关。按阿尔伯蒂定义的：既然"美"弥漫于建筑的物质实体之中，那如果真把"坚固"和"适用"作为"功能"打包从建筑里隔离出来，那不就什么都不剩了吗？

阿尔伯蒂发现像维特鲁威那样把美孤立出来反而更难讨论，因此，他在《第一书·外形》里提出了一种意味深长的二分法：

建筑的全部问题，就是外形（lineaments）和构筑（structure）的组合。

阿尔伯蒂指出："外形"所涉及的问题主要是线（轮廓）和角度，与物质材料无关。于是，物质层面必然全部归于"构筑"。如此一来，在用"构筑"概念把全部物质存在剥离出去之后，剩下的"外形"就承载了建筑的全部纯粹形式——当然，"形式"的不见得是"美"的，必然存在着不美的形式以及无所谓美不美的形式，不过，其中一定也包含了"美"。

维特鲁威三分法的弊端在于："坚固""适用""美"在实质上是一种动机描述，当建筑师在设计构思过程里考虑这三个要素时，它们分别都是独立和清晰的；但想要从建筑的结果里去辨识这三要素，就会发现三者之间存在广泛的重叠——"坚固"或"适用"的形式中完全可能蕴含着"美"，而"美"的形式也不必与"坚固"和"适用"相矛盾。如果概念间彼此交融，那"美"就又变得难以讨论了。阿尔伯蒂二分法的优势也正就在于此，它是完全基于结果来展开分析的：无论是基于"坚固"的动机、"适用"的动机还是"美"的动机，建筑的实现，总归要用物质来构成形式。要考察美，就得先考察纯粹形式，阿尔伯蒂用"外形"的概念把纯粹形式的因素萃取出来了。

然而，当阿尔伯蒂接下来审慎地考察"外形"时，他发现尽管形式概念已经无比纯粹了，但蕴含在形式里的美仍然可能是不完满的。通过形式实现的功能与美仍然不算泾渭分明。为了摆脱这种困境，阿尔伯蒂曾经尝试简单粗暴地把功能与美统一起来：

以马为例，其一个部分适合于某种特殊用途，那么整匹骏马一定适合那种用途，因此，他们（指意大利人）发现，优雅的形式永远与使用的便捷密不可分。

在这里，阿尔伯蒂试图用更容易度量的"适用"标准来直接量化形式原则，并且潦草地抹除了部分与整体以及功能与美的差异。这样的论述对于功能主义的设计思维大有启发，却丝毫无助于对美及装饰的探究。

适用的就是美的吗？或者美的就是适用的？如果问题的答案可以这么简单，那么美就可以在极致追求功能的过程里被"顺便"实现了，皆大欢喜……而且，如果真能如此，建筑里应该从来都不需要装饰才对。阿尔伯蒂显然并不真的满足于马的比喻，他随后亲口承认"美"与"功能"是不能完美两全的——两者即便在上帝的造物里也有轻重之分：

当我们凝视着神圣上帝的动人杰作，我们对美的敬仰压过了对它适用程度的认识。

美的胜过适用的。在这里，孰重孰轻倒不重要——那只关乎态度；重要的是需要选择和排序，美与功能并不矛盾，但也不意味着它们就能顺理成章地相互成就。阿尔伯蒂把"美"的标准归于数学，"坚固"基于大自然的力学规律，而"适用"则匹配人的使用习惯……这些毫不相干的逻辑如何并行不悖甚至相辅相成？一个形式呈现出来，它所承载的关于坚固、适用和美的种种，应该都是不可能被完美地实现的。当然，这是现实世界的常态。

但无论如何，关于范畴的重要问题倒是可以借此看得更清楚一些了：美的确蕴含于纯形式（"外形"）之中，但并不完全蕴含于纯形式之中；或者说，建筑形式中的美并不完满。这么看来，只要不苛求完美，那则关于马的比喻反而成立了——适用的确实是可以达成某些美的，只不过不是完美的。

回到阿尔伯蒂的建筑价值观：美的胜过适用的——功能的不完满是无可避免之事，但对美的不完满却不甘心听之任之。对未及之美的苦苦追寻，这正是阿尔伯蒂讨论装饰的开始。

装饰的发现

既然"外形"里的美是不完满的，那么一定有一些美"逃逸"在外了。那些美去哪儿了呢？带着这个问题回顾上一节开篇引用的那段阿尔伯蒂对"美"与"装饰"的辨析，恰可以温故而知新。

在不断尝试的各种分类中，已经显示出了建筑原则中的两极：物质需求（实现）和美学理想（表现）。当分开独立讨论时，比如仅就力学和材料讨论坚固（或者仅就使用习惯来讨论适用），抑或仅就数学（或者其他理性原则）讨论美——针对物质需要和美学理想的形式探究各自都能保持极致的状态。然而，正如在上一节曾言及的，当现实因素和理想因素同时呈现于建筑之际，没有什么是可以保全完满的。从理想的美的角度来观察，这刚好印证了柏拉图的"理念"（idea）在投射于现实的物质世界后必然的损耗和扭曲。当然，启蒙哲学家们可以从哲学视角呼唤"理性之光"来建立两者间形而上的必然共识；但是，建筑师阿尔伯蒂却必须在形而下的物质层面寻求矛盾的解决。

因此，阿尔伯蒂把完整的"美"的概念切成两部分：一部分，是那些已经（或者说"可以"）蕴含在建筑实体里的美；另一部分，是虽然存在于理想之中，但却在建筑的物质操作里因为受到物质手段限制或者人的能力限制而没有达成的那部分美。我们姑且称第一部分的美为"内在之美"，称第二部分的美为"未及之美"——也就是逃逸在外的那些美。对于"内在之美"，阿尔伯蒂形容它"弥漫于整个被评价为美的实体"，它一部分来自为保全美学理想而对物质需要的牺牲，另一部分则来自那些在满足物质需要的同时刚好又吻合了美学原则的形式巧合——这是建筑学里最妙不可言的部分。对于"未及之美"，由于在建筑过程里美学理想不可能完全取代物质需要，在筹谋坚固和适用的物质现实时，对美的损耗总是无可避免的；以及，理想之所以成为理想，总有人力和物力所无法企及的部分。

在阿尔伯蒂关于"美"和"装饰"的思辨里，"装饰"就是专门用来补足那逃逸在外的"未及之美"的。尽管装饰作为真实的建筑元素，必然要经由物质手段来实现，但是它的使命却与建筑的物质需要——即坚固和适用无关，装饰只关乎美。因此，阿尔伯蒂仅在美的话题下讨论装饰，它并不属于建筑的物质实现范畴，而是不折不扣的纯粹美学手段。

沿着阿尔伯蒂的美学思辨，可以清晰地发现装饰，步骤如下：

第一步，确立对于建筑的美学理想，在这理想下可以勾画出建筑所应呈现的"正确"的形式。

第二步，通过物质手段（其中包含了对"坚固"和"适用"的物质需要的实现，即对功能的实现）获得建筑的形式；此间，在实现物质需要之余，总会尽力让建筑形式尽可能逼近既有的美学理想。

第三步，评估并量化出建筑的物质实现与美学理想之间的差距，发现了这种差距，也就发现了"装饰"的舞台。

装饰是如此特殊。它起初并不在建筑师的筹谋之中，也从未卷入过物质实现与美学理想纠缠厮杀的战场；等建筑的功能与美都得到了施展，待到尘埃落定、清算过关于美的得失之后，装饰才登场亮相，盘算着还能为美做些什么……这时候，建筑师筹谋中的建筑已经初现端倪了。因此，对于那些建筑的端倪而言，装饰是被追加（attached）的，或者如阿尔伯蒂所言，是"附加性"（additional）的。

那些在物质实现过程里自然浑成的"内在之美"固然是令人神往和赞叹的，但似乎并不完全来自建筑师的筹谋和操作，那更多来自建筑学先天就具有的玄奥特质，建筑师只能顺势而为，试着去把握它、保护它、激发它，但每每刻意想做点什么，结果常适得其反、弄巧成拙。如果说建筑师还能为美专门做什么的话，那似乎就只有装饰了。这是为什么阿尔伯蒂在《论建筑》里用来论述美的那四卷书里，题名分别用"装饰""神圣建筑装饰""公共建筑装饰"和"私人建筑装饰"却全然不提"美"字。

当然，装饰的"附加性"——也就是它有别于美的"内在性"的外在特性，让它在后世饱受诟病。由于装饰是在建筑实体形式几近呈现时才参与进来的，并且，它的使命是完成那些在建筑生成过程里已经注定无法完成的美学任务。那意味着：装饰不可能"真的"完成那些任务，它只能让那些任务"看起来"被完成了。装饰的"非真性"是它在现代主义时期悲惨境遇的主要原因之一。阿道夫·路斯把装饰比作罪犯身上的刺青、原始部落涂抹的油彩、女人脸上的铅华……总之，都是用外在手段粉饰体貌的行径；前文提到的歌德对帕拉第奥的微词也多半出于类似的评判。现代主义主张通过"真实"的结构、构造和材料手段来实现全额的美——从柏拉图和阿尔伯蒂的角度来看，那真是不可思议的境界。

连阿尔伯蒂都无法达成的目标，真的被天赋异禀的现代主义建筑师们做到了吗？这是后话。不过，阿尔伯蒂显然并不纠葛于真伪之间的道德评判，在用"装饰"给他的美学篇章命名之后，他飞奔着上路了。

抹灰与 Leo

阿尔伯蒂对建筑的美学理想又可以再分成两部分——物质理想和非物质理想。

关于物质理想，阿尔伯蒂描述了历史上一系列著名的纪念性建筑的最重要特征：比如，塞米勒米斯（Semiramis，古代传说中的亚述女王）将在阿拉伯山脉开采的 20 腕尺 ×20 腕尺 ×150 腕尺（1 腕尺约合 46~56 厘米）的整石用于建筑；由两块 40 腕尺见方的完整石材雕就的埃及的拉托那（Latona，Leto 的罗马名）神殿——一块雕成殿身，另一块雕成屋顶；古希腊史学家——希罗多德（Herodotus）记载的从印度艾立芬塔（Elephanta）运来的截面 20 腕尺 ×15 腕尺的巨大石材……卓越的纪念性都来自巨大、完整的石材甚至独石，这对物质手段提出了难以想象的挑战——而这正是彼得·卒姆托（Peter Zumthor）在《三个概念》（*Three Concepts*）里将瓦尔斯温泉浴场（Thermal Bath Vals）的概念归结为"独石般的"（monolithic）的理论源头。

阿尔伯蒂的非物质理想继承了古希腊的美学传统。那是一套可以基于数学逻辑进行推衍的哲学法则。这套法则发源自毕达哥拉斯 - 柏拉图对算术学和欧几里得几何学的哲学演绎；在中世纪的经院哲学里又被赋予了广泛的神学意义，并被回溯到《旧约》时代的引证；在文艺复兴时代，这套法则被作为建筑美学的核心原则，最经典的例子是由人体（匀称）、音乐（和谐）、几何（柏拉图形）以及神秘数论几套选择机制共同构成的比例体系。

可以认为，阿尔伯蒂的建筑美学理想，是从物质上实现"独石般的"完整，而从精神上遵从由数学控制的理性美学原则。

阿尔伯蒂对具体装饰元素的讨论是从抹灰开始的。抹灰的实质，就是用通过新的表皮来替换原本真实建筑材料所构成的外观，让建筑看起来像是用建筑师理想中的材料或者技术完成的——这完美符合装饰的定义。

"独石般的"建筑与用石材砌筑的建筑之间的本质差别就在于它没有不同石材交接的接缝。阿尔伯蒂所例数的那些古代奇观之所以热衷于采用巨大的石材，也正是为了减少接缝，从而逼近独石的美学理想——这是拼尽全力要将独石之美珍藏于建筑"内在"的执着。然而，那毕竟还不是真的独石，巨石间寥寥几道接缝也难免洞开美学理想逃逸的大门。

抹灰的妙处就在于它不必劳师动众就能轻易抹除真实砌筑的痕迹。

剩下的问题就是如何让粉状的灰料呈现出石材的质地。阿尔伯蒂在《论建筑》里讲解的抹灰工艺多半源自古罗马，技术上的革新不多，他真正关注的只是最外层的做法：把精细的白色大理石粉末掺进灰浆，在抹灰硬化后再细细打磨，表面就会呈现出大理石的质感。这种工艺要求灰浆里的砂越细越好，经阿尔伯蒂亲测，来自印度恒河的河砂堪称上品。因为抹灰有随物赋形的可塑性，它甚至可以应用于雕塑——按阿尔伯蒂的说法，很多立在建筑檐口上的石雕，为了减轻荷载，并不是真的用大理石雕成的，而是采用在石膏像外抹灰、打磨的做法，效果亦可乱真。

之所以选用白色大理石粉末，是因为这种做法可以呈现类似大理石的质地，却无法再现有色大理石的纹理。要想让装饰表面表现出大理石纹理来，就只能用大理石贴面。贴面跟抹灰有类似的装饰作用，也是用一层更有表现性的表皮来取代建筑真实材料。大理石贴面可以保留石材表面的纹理，但也存在疑难：分块的贴面单元也面临着跟砌筑类似的接缝问题；更要命的是不同贴面块材上的大理石纹理各不相同，想要拼成"独石般的"谈何容易！针对这个疑难，阿尔伯蒂介绍了一类做大理石贴面的独特方式：

古人切割和打磨大理石的精细程度是值得关注的，事实上，我就见过超过四腕尺长、两腕尺宽而厚度不超过半指的大理石板沿波浪线方式排布，就是为了（对齐大理石纹路来）弱化接缝。

当然，作为装饰的贴面做法还是比真实砌筑灵活得多，为了让不同贴材上的纹理能接续起来形成整块大理石的效果，贴材的拼缝就不可能对齐了。要把那些来自不同石材的纹路对起来得是多么耗心血的工艺啊！向着美学理想的每一步逼近，都要付出极大的代价。

从这个视角出发去观察"现代"大师对大理石的操作就很有意思了。在阿道夫·路斯设计的穆勒住宅里，外墙装饰用了白色抹灰，内墙装饰就是大理石贴面。路斯真的实现了大理石纹理的通体连续，为了突出"独石般的"神奇效果，他特意把结构柱、楼梯和壁炉等几种截然不同的建筑元素用他的"独石"连为一体（图4）——这是造诣极高的装饰炫技。

密斯·凡·德·罗在巴塞罗那世博会德国馆的中央放了一幅大理石屏风，他选择了一块纹路最醒目的大理石裁切成八块（中间四块大的和两边四块小的），他以水平中线为对称轴把具有相同截面的石材镜像布置，形成了完整的上下对称构图（图5）；而对不同纹路的石材之间的接续处理，密斯显然也希望纹路是尽可能连续的。当然，密斯没有做到像路斯那样严丝合缝——一方面，这块石材上的纹路鲜明却不细密，纹路接续时容错率很低；另一方面，密斯对建筑模数的精确追求决定了他不可能像阿尔伯蒂说的那样为了对齐纹理而破坏石材的整齐排布。更深层的一点是，严格来讲，密斯的这块屏风属于真实的建筑本体，不算是典型的装饰（尽管装饰性很强），因此他也更多受到真实建构逻辑的掣肘，无法享受装饰手法那些更灵活的操作余地。不管怎样，整幅屏风所构成的醒目的完整图案，仍然让它洋溢出"独石般的"特质来。

回到阿尔伯蒂的装饰讨论上来。既然建筑装饰最终是实现某种"看起来如此"的"非真"效果，那么许多操作的标准也就自然以视觉来衡量。在阿尔伯蒂看来，打磨——超出材料使用标准而令材料表现出众视觉品质的打磨——也算是装饰手法。因此，装饰性的打磨工艺也完全以"看"为标准：

古人的精妙打动了我，越接近视线所及的地方，就打磨得越精美，而对于更高、更远的地方就少花精力，通常，很难被关注到的地方根本就不去打磨。

这生动地揭示了建筑装饰相对于建筑真实性（也就是"内在美"的属性）的外在属性，它对美学理想的补偿，仅存在于感官所及的位置。

在阿尔伯蒂的装饰体系下，所谓外在的、附加性的装饰，并

图4 穆勒住宅室内图

图5 德国馆大理石屏风

不单指某种附加在建筑实体之上的装饰元素，而是出于美学补足目的而附加的装饰操作。因此，抹灰和贴面之类的实体元素是建筑装饰，出于美学意图对材料进行的剖光、打磨之类的工艺处理也算是建筑装饰；后面我们还将鉴赏到奥古斯特·佩雷（Auguste Perret）对他的混凝土柱作凿毛处理——这样的"减法"操作也是

建筑装饰。从要素到工艺，这正是我们在现代主义语境下重新发现装饰的钥匙，当然这是后话。

关于装饰对非物质理想的实现，尤其是装饰在比例体系中的表现方式，出于比例法则本身的内在性，装饰在其中的位置也更加隐晦，并不像抹灰或贴面所呈现得那么清晰明白。对此，本文将在后面的章节里详述。在这里，仅举一个比较浅显的实例——阿尔伯蒂对新圣玛丽亚教堂(Basilica di Santa Maria Novella)的立面改造。

教堂的主体始建于13世纪，因此在阿尔伯蒂着手设计时，教堂基本的立面轮廓以及门窗洞开口都是确定好的：典型的巴西利卡结构自然形成了中间高、两侧低的三开间形式；中央明间的大门洞和门洞之上的圆形玫瑰窗以及两侧间的小门洞都符合最普遍的罗马风建筑特点——这是典型的物质手段所形成的建筑形式。

阿尔伯蒂新加的立面好似给原来的教堂戴上了一个面具。从结构上，它是自支承，甚至是被支承的；从使用上，它也并非必要的围护。这个立面完全没有功能上的动机，阿尔伯蒂的委托任务就是"改观"教堂的美学效果；而且，这个立面无论从概念上还是从物质上都是附加于原建筑之上的——因此这个立面是再典型不过的建筑装饰。

阿尔伯蒂的这幅装饰立面，从根本上重塑了教堂的形式逻辑（图6）。

首先，总体表现。他参照巴西利卡两侧矮侧廊的高度，在中间加了一道类似女儿墙的水平分隔，上下沿都用线脚加以强调，由此让原本纵向生长的中世纪外形呈现出了水平向展开的古典特征，并且让这个原本单层的大空间看起来像是两层的。

第二，下段立面。阿尔伯蒂并没有给原有结构表现的机会。在立面的"下层"，只有两侧有突出的壁柱——因为整个立面比建筑真实体量要宽，所以这两个壁柱只是收束了立面端头，而并不是真实结构的映射。在中间圆拱门洞两侧附上了两根纤细的柯林斯圆壁柱，再结合拱脚下的方壁柱形成了一个典型的"券柱式"单元。而在两侧剩余的部分，阿尔伯蒂基于原有小门洞的宽度，分别用黑白相间的整齐大理石"画"出了四个等分的开间——整个下段立面的宽度应该就是用这个尺度叠加出来的。建筑师还在

图6 新圣玛丽亚教堂立面

另外三个没有开洞的"开间"里设置了浅纵深的盲窗龛，窗龛比侧门洞更矮，拱券顶端的位置是由侧门洞真实拱券的拱脚位置精确定位的。这样，原本中间宽、两侧窄的巴西利卡式立面就完全消隐不见了，代之以中间券柱式入口加两侧整齐柱列的新逻辑。

第三，上段立面。下段立面加上中间的"类女儿墙"水平段，再现了罗马凯旋门式的外观；而上部原本中厅高出的部分，则被装饰成了带三角形山花的希腊形式。阿尔伯蒂卡着玫瑰窗的直径宽度给这个希腊式的上段立面划分了中间宽、两端窄的三段式开间。

第四，波浪形墙段。上段立面的总体宽度比下段窄了很多，阿尔伯蒂在其两侧增加了波浪形的片墙。一方面填补两端过大的空缺，另一方面也通过这种曲线过渡将截然二分的上下两段立面重新联结成整体。

第五，"盲"玫瑰窗。原本的圆形玫瑰窗在这个被拆解成古典单元的立面上显得格格不入，因此，阿尔伯蒂在两片波浪形墙段和三角形山花上各"画"了一个假玫瑰窗，跟真玫瑰窗形成呼应。

就这样，一个典型的托斯卡纳式巴西利卡教堂，被阿尔伯蒂用一个轮廓相近的装饰性的立面，梳理成了具有典型古典形式特质的、经过精确模数度量的全新形式。三开间的巴西利卡结构变成了连续柱列，竖向的变成了水平的，自然呈现的结构逻辑变成了度量精准的几何逻辑……

13 世纪时那座多明我会教堂的物质实现结果，遭遇了阿尔伯蒂的美学理想。同是巴西利卡式的建筑体量，曾经在经院时代焕发出哥特式的光芒，如今却被阿尔伯蒂以古典美学的标尺重新发掘了美学的潜力——那是建筑的"内在之美"。而中世纪形式与古典形式之间的差异，就是"未及之美"，阿尔伯蒂的装饰操作，正可谓现身说法。

上述种种是关于"外形"（lineaments）的；阿尔伯蒂在这个立面设计里关于"数"（number）的表达，虽然更隐晦，但也同样精准。

要分析阿尔伯蒂的数论操作，需要先简单介绍两个在古代神秘数论里有神圣意义的数字：15 和 26。

关于 15：如前文提到的，在毕达哥拉斯 - 柏拉图数论体系里，6 和 10 因为分别是连续整数 1、2、3 以及 1、2、3、4 的加和，所以被称作"完美数"；这样的加和体系可以通过数量在几何上的叠放换算成"三角数"（图 7），比如 3、6、10 就都是三角数，那么下一个三角数就是 15，15 也可以视作是"完美数"的逻辑后续。

至于 26：古希腊人有一类把字母按照字母表顺序换算成数字然后进行演算的数论方法，希伯来文里的上帝之名（即"亚威"或"耶和华"）是"יהוה"，按字母表顺序赋值，"ה"是 5，"ו"是 6，"י"是 10，加和起来就是——5+6+5+10=26。因此，26 是可以代表"上帝"的数字。

在新圣玛丽亚教堂的立面上，下段立面两端的两根凸壁柱和上段立面形成三开间的四根凸壁柱都是用黑白两色的大理石间砌而成的，由于整个立面的底色是白色的，所以那些黑色大理石在图底关系中就显现为间隔整齐的黑色饰带。其中，下段立面每根壁柱有 15 条黑色饰带，上段立面每根壁柱有 13 条饰带；于是，在这个绝对对称的立面里，对称轴两侧上、下段饰带就都形成了

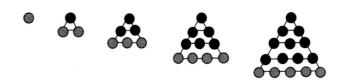

图 7 三角数

26:15 的比例。

这是巧合吗？波浪形墙段和三角形山花上的那三个"盲玫瑰窗"也是用黑白双色大理石拼接而成的。尽管它们在具体花式上略有区别，但总体构图都是分为内、外两圈，它们内圈都是按角度等分 26 份，外则等分 30 份（15×2），呼应了壁柱饰带上的数字关系。

除此之外，立面中间的类女儿墙水平段，两端凸壁柱上的黑色饰带分别是 5 条，一共 10 条饰带——10 也刚好是毕达哥拉斯数论里的"完美数"。

那么问题就来了：既然在各种数论体系里有特殊意义的数字那么多，阿尔伯蒂为什么偏偏选择了其中 26 和 15 呢？如果只是为了致敬宗教（代表上帝之名的 26）与古希腊数论（三角数 15），为什么不选择更有代表性的 10 呢？

26 与 15 这对组合的特殊性在于 26:15 的比值是 $\sqrt{3}$ 的近似值。从古希腊时代起，平方根数的迷人之处就在于：它可以被清晰、简单地描述出来，但永远无法精确得到它的值——这简直就是柏拉图的"理念"投射于现实世界后的不完美映像的数学写照了。同理，古代神秘数论对正方形和"黄金比"的关注也分别来自与 $\sqrt{2}$ 和 $\sqrt{5}$ 有关的比例关系。

根据莱昂纳尔·马赫（Lionel March）在《人文建筑术》（*Architectonics of Humanism*）里的统计，这个关于 26:15 的比例以及它的诸多变体，在记载诺亚方舟、犹太避难所和所罗门圣殿等犹太教 - 基督教圣所的文献中总是反复出现。

根据数学史家莫里斯·克莱因（Morris Kline）的考据，古希腊人对神秘数论的热衷程度可能超出现代人的想象。比如，当一

35

个数是另一个数的约数之和——比如 284 就是 220 所有约数之和——那么这两个数就称为"亲和数"。毕达哥拉斯学派甚至认为刻上亲和数的两枚药丸可以当春药用……

阿尔伯蒂显然想用同类的数论方法让自己的名字与上帝之名发生某种"巧合"。

如果把上帝之名按类似三角数的方式排布，那么它的加和是 72（图 8）。阿尔伯蒂的拉丁文全名是"Baptista Albertvs"，如上帝之名的方法，把字母在字母表里的序数都折算成 10 以内的自然数[⊖]，加和是 60——爹妈取的名字跟神圣的理想之间存在 12 的差额……莱昂纳尔·马赫认为，阿尔伯蒂在自己的名字前面加上了"Leo"（2+5+5=12）的绰号，就是为了补齐他与上帝之间的缺憾（图 9）。

如果 60 的阿尔伯蒂原名是他物质实现手段的真实呈现，72 的上帝之名就是他的美学理想，这之间的差额 12 不就是那"未及之美"吗？"Leo"作为附加的补足，就是阿尔伯蒂为己名字施加的装饰。

沙利文

领略了利奥·巴普蒂斯塔·阿尔伯蒂关于"内在之美"与"未及之美"的二分系统，再去讨论路易斯·沙利文的装饰理论，就可以省下许多笔墨。

路易斯·沙利文究竟是现代建筑的先行者还是古典建筑的殿后人？他跟芝加哥学派的渊源，以及他和丹克马尔·阿德勒（Dankmar Adler）之间的亲密无间与无情决裂……关于沙利文的"身份"，恐怕得先验明他的建筑装饰的成分后才能得出结论了。

从内容上看，路易斯·沙利文对建筑装饰的思辨几乎就是从阿尔伯蒂的装饰理论里脱胎出来的。他在相近的理论框架下完成了

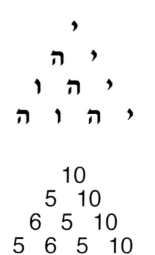

上帝之名按类似三角数的方式排布。各行数字之和为10、15、21、26，总数为72。

图 8 上帝之名的三角数加和

L(2)+E(5)+O(5)=LEO(12 ⇒ 3),
B(2)+A(1)+P(6)+T(1)+I(9)+S(9)+T(1)+A(1)=BAPTISTA(30 ⇒ 3),
A(1)+L(2)+B(2)+E(5)+R(8)+T(1)+V(2)+S(9)=ALBERTVS(30 ⇒ 3).

图 9 阿尔伯蒂之名的数论加和

他的雄文——《建筑中的装饰》（*Ornament in Architecture*）。文中，沙利文首先在剥离装饰的前提下对建筑特性进行了观察，继而得到了一组重要的术语：

一座剥离了装饰（ornament）的房子（building）也许可以通过体量（mass）和比例 (proportion) 来传达高贵的情感，我想这是自明的。而我不能确定的是，装饰（ornament）是否能内在地提高上述元素的品质。那么我们为什么使用装饰（ornament）？难道简洁的高贵还不够吗？为什么我们要求更多？

"装饰""房子""体量"，以及，"要求更多"。

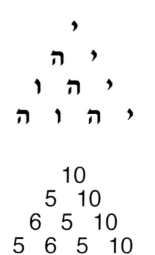

㊀ 1~9 用原数；10 视同 1+0=1，取值 1；11~19 同 1~9；20 视同 10，取值 1；21~24 同 1~4。

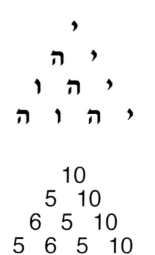

建筑，房子，体量构成

在这里，"房子"（building）的概念是与"建筑"（architecture）严格区分的。通篇，"建筑"只出现了两次，一次是得到了"创造性"（creative）的艺术评价，一次是得到了"卓越"（sublime）的美学评价——这意味着"建筑"与"房子"之间的差距是存在于美学领域的。"房子"只有获得了至高的美学评价才堪称"建筑"，是"要求更多"的结果。

"要求更多"，这不就是在柏拉图城邦的宴会上提出来的把城邦推向战争矛盾、并最终迫使人们祈求神谕的关键命题吗？这也正是路易斯·康的"需要"与"欲望"的分水岭。在阿尔伯蒂的装饰理论里，装饰也是在"要求更多"后应运而生的——不满于建筑"内在之美"与"美学理想"之间的差距。诚如沙利文的反问："我们为什么使用装饰？难道简洁的高贵还不够吗？为什么我们要求更多？"

沙利文的"简洁的高贵"就是阿尔伯蒂的"内在之美"，他把这种高贵的美诉诸"体量"和"比例"，也跟阿尔伯蒂基于"外形"和"比例"的讨论如出一辙。

古典建筑的美学体系几乎穷尽了对"比例"的讨论，因此，沙利文格外关注"体量"。

关于设计操作，沙利文引入了一个关键术语——"体量构成"（mass-composition）。体量构成勾画了建筑实体除满足结构、适用等功能需要外所呈现出来的美学特质，即那种高贵、简洁的内在之美。

"体量构成"的概念更清楚地描述了阿尔伯蒂的"内在之美"是怎么经由建筑体量呈现出来的。更进一步，当沙利文把作为美学概念的"体量构成"从"房子"（building）里萃取出来之后，余下的残渣——即全无美学价值、仅仅实现坚固与适用的功能的部分，沙利文称之为"构筑"（structure）。

回顾阿尔伯蒂的那句"建筑的全部问题，就是外形（lineaments）和构筑（structure）的组合"是不是惊人的相似？

沙利文比阿尔伯蒂更清晰地找到了美学与非美学之间的分野。

阿尔伯蒂在"美"与"适用"的一致性的思辨里，不得不把功能划入"外形"的范畴，在企图对全部形式问题做出权衡的同时，不可避免地把美学讨论与功能问题重新纠葛在一起——那段对马的玄学讨论就是这种纠葛的生动写照。

相比起来，沙利文把引入装饰之前的建筑形式清晰地划分成了两部分：关于美学的"体量构成"与关于功能的"构筑"，这让接下来的讨论显得轻松得多。接下来，沙利文终于可以在装饰命题下了无牵挂地讨论"美"了。之后，他把抽离了"体量构成"后剩下的"构筑"丢给了他的好搭档——丹克马尔·阿德勒去操心了。

当然，阿德勒显然不能苟同自己的全部事业仅属于工程领域，他用高超结构技艺催动出来的惊人的建筑骨架难道并不蕴涵美学价值？这大概也为两位大师日后的决裂埋了伏笔吧。

装饰

沙利文讨论装饰的起点，是从克制对装饰的使用开始的：

如果我们经年完全克制对装饰（ornament）的使用，那将对我们的审美有益。

由于"体量构成"所提供的简洁与纯粹的美具有阿尔伯蒂所描述的内在性，沙利文认为，实现这种"裸体美"（comely in the nude）是讨论装饰的前提：

经过这一步，我们才能更安全地追问，对装饰的装饰性应用（decorative application of ornament）可以在多大程度上将美附加于我们的构筑之上——它将哪些新的魅力注入其中？

这与阿尔伯蒂把装饰视为"外在的附加"的观点也是高度一致的。

更有趣的是，沙利文说装饰是"奢侈之物"和"不必需之物"，这也给他的装饰理论蒙上了一层《理想国》的色彩：

我们或已知晓，装饰（ornament）在精神上是奢侈之物、不必需之物，因此对于未加点缀的体量（unadorned masses），我们也要如认识其非凡价值一样洞察其局限。

在柏拉图推衍出的理想国里，用来定义正义的秩序的发现，不就是从非必需的、奢侈的欲望开始的吗？在沙利文的装饰体系下，"必需之物"止于"体量构成"——尽管体量构成是一个美学概念，但它仍是在建筑的物质实现过程中呈现出来的。这种仅显现"裸体美"的房子，也就是柏拉图构建的基于必需之物的城邦。故而，要讨论装饰的法则，就得找出随后导致装饰出现的"奢侈之物"。

也只有这样，我们才能从一切可能出现在建筑之中的、混杂着有意义的和无意义的不必需之物里，分辨出哪些是装饰，并确认它们价值。毕竟，"不必需"不等于"无价值"；相反，"奢侈"恰恰是对价值的过度追求。如路易斯·沙利文所言，那价值是"精神上"的，即美学的。也如路易斯·康所言，那是超越了"需要"的"欲望"，不可度量。

这充满禁欲色彩的对"裸体美"的讨论，并不会杜绝装饰的进场；相反，那是在投入"欲望"的花花世界之前对"需要"的精准度量。这就像阿尔伯蒂所做的：在物质手段与美学理想的差距中划定装饰的疆域。

精神性与点缀

与阿尔伯蒂相似，沙利文也把他的建筑美学理想分成物质的和精神的两个层面——在物质上表现建筑生成的内在逻辑，在精神上则寻求诗意的表达。

物质层面的美学——"体量构成"，也相当于《理想国》里在宴会前的城邦，它们的推衍都遵循从"必需"出发的严密逻辑，此时没有引入欲望，没有"更多"，因此也没有装饰。"体量构成"有着很强的透明性——它如实反映着建筑自身的生成逻辑，且并不呈现它形式以外的其他意义。

沙利文形容那些承载物质美学的裸体体量是"未加点缀的"（unadorned）。对于"点缀"（adorn），斯里兰卡哲学家库马拉斯瓦米（Coomaraswamy）有过很精彩的论述，他认为点缀是对效果的加强（enhance）：

……可以清楚地看到"adornment"的含义，就是对被点缀（adorned）的对象的精华加以有效的装点（furnishing），或是加强其效果，强调它。比如"思想被认知点缀（adorned），恶习被愚蠢点缀，河被水点缀，夜被月点缀，决心被沉着点缀，王权被领导力点缀"。

既然"体量构成"的赤裸形式仅表达它自身，那么它当然是还没有被加强的。

沙利文的"体量构成"承载着阿尔伯蒂的"内在之美"。但当沙利文把"内在之美"完全归于物质层面，他与阿尔伯蒂在装饰观念上的核心差异就浮现出来了：阿尔伯蒂的"内在之美"具有无比高贵的精神性，而当沙利文把精神性从"内在之美"里剥离出来，装饰的意义就变得更不同寻常了。在沙利文的体系下，装饰也许仍是"附加的"，但它显然不只是"附属性"的。

这样，沙利文的观念就很清楚了：建筑美学的精神性，在于如何对依自身逻辑生成的赤裸形式加以点缀——沙利文将这个使命全权交托给了建筑装饰。

沙利文清楚地总结了物质层面的美的局限：一方面，缺乏诗性（poetic）和戏剧性（dramatic）等外在表现的余地；另一方面，即便是对于建筑自身的表现而言，严谨的自身表达也缺乏对核心特征的强调。当这些局限被勾画清楚时，建筑装饰的使命也自然明了了。

关于第一方面——诗性的、戏剧性的隐喻表达，必须找到"此建筑"以外的表达依据。在古希腊的石头神庙里，那是对木构逻辑的再现；在文艺复兴的纪念性建筑里，那是对理性美学的阐释以及对古希腊、古罗马建筑形式的研习；在17世纪的风格争鸣里，那是对民族元素的宣扬……那需要带入地域、时代和个人的审美及文化倾向。在沙利文所处的时代，伴随着工业革命的"全球化"已经出现端倪，可用于诗性或戏剧性表达的题材简直数不胜数。

对于第二方面——建筑自身的表现，值得仔细审视。在建筑依自身逻辑生成形式的过程里，"体量构成"所蕴含的物质层面的美不已经全然是建筑自身的表现了吗？在所谓"精神"层面，还有什么可以用装饰来点缀呢？

对此，沙利文放大了视野，从万物生长的逻辑来重新审视建筑自身的表现潜力：

以生长的逻辑（the logic of growth），特定的装饰（ornament）应该出现在特定的构筑（structure）上，就好像什么树上长什么叶，榆树叶长在松树上是不"顺眼"的——松针看起来才更"一致"。所以，有机装饰中的装饰物或图案（an ornament or scheme of organic decoration），一旦适用于由粗犷线条构成的构筑（structure），就一定不适于那些精巧的和秀丽的。任意类别的房子和装饰体系（ornamental systems）之间，也是不能互换的，因为房子应该匹配个性（individuality），就如不同的人的标记，将人与人区分开来，尽管在种族和家族内部也有很强的类同。

沙利文把这种"生长的逻辑"发展成了一套独立的"风格"理论，他在1888年写就的《风格》（Style）一文里以极细腻的笔触刻画着那棵松树一生的生长历程：

我们看到松树——我们关注它的大体形状，观察它带细梢的树干、它分叉的方式、它赖以挺立的土壤和石块、它的枝杈、树皮、叶、花、松果、籽、内皮、木纹、汁液，我们反映出它与其他同类所共有的特征，以及它区别于其他同类和其他事物的特征……我们可以辨别不同种类的松树，每种都有被清晰定义的特性……我们会发现任何一棵松树都不是精确相似于它的同类……我们看着它回应春日的热吻，我们颤抖着观察它在四月雨的荣耀中闪烁、滴水。它总是在微风掠过时轻柔，而在暴风雨的控制下投掷和呐喊。在它的同胞中间，在夏日的森林里，它平静地、满足地矗立，在寂静的空气中自由散发着它的气息。在冬眠的孤独中睡去，而我们也在它睡去的同情中睡去；它笔直地、忧郁地矗立，沉浸于覆雪之下，如此无以名状的平静，如此满足，如此野性。有一天，暴风雨夺去了它的生命。结束了。随着时间推移缓慢却不停歇地腐朽，那就是一棵松树，纵然消失了，却给我们留下了它个性的残迹，挥之不去。纵然经过所有这些改变，那一棵松树，永远都是一棵松树；所有这些表明了它的内在的天性。这当然是它的身份，它的小历史，这是它优美的风格。

《风格》的成文比《建筑中的装饰》还早了四年。可见，沙利文在讨论装饰的时候已经将装饰的使命了然于胸了。

要让建筑形式如此敏感、轻柔地回应它生成过程里的一切影响因素，这样的理想已经远远超出了基于坚固和适用所能获得的形式——这也是美学在精神层面理应有的高度和难度吧。当建筑的生成在通常的物质手段下无法如此细腻地回应环境条件，而建筑师又洞察到了那些尚未获得的潜在的形式时，在阿尔伯蒂体系下"美学理想"与"物质手段"之间的差额就浮现出来，那正是建筑装饰施展的领域。

显然，沙利文的"风格"（style）概念与俗常意义那些总是被依据个人喜好而轻易赋予建筑之上的"风格"是极不同的：沙利文的"风格"乃是事物非如此不可的必然形式，它可以被发现、被认知、被描述、被总结、被命名；但不能被选择、被杜撰，不能被嫁接、篡改，不能被张冠李戴。俗常的风格是再现性的——以此建筑的形式来再现彼建筑；而沙利文的风格则表现了不折不扣的本体性，它是独属于此建筑的身份和个性——"纵然经过所有这些改变，那一棵松树，永远都是一棵松树"。

在美学的精神层面，沙利文的理论重新定位了"装饰"与"有机""风格""个性"几个概念之间的关系，也使沙利文新的美学理想获得了自启蒙运动以来——科学取代神学的力量、自然取代上帝的力量、理性取代成见的力量。而在建筑学学科内部，它也与森佩尔"风格乃是结构与其初始条件水乳交融的产物"的理论遥相呼应。

在美学的物质层面上，这种"生长逻辑"也为后来如火如荼的"功能主义"及"结构理性"提供了更广阔的视野。尽管那也许并不是沙利文的初衷，不过，诸如"适用即美"或"坚固即美"的论调，跟阿尔伯蒂对那匹马"美即适用"的权衡排解着类似的美学困惑。只是，当现代主义的革命者们高打着"形式追随功能"（form follows function）的旗帜，用技术真实对传统美学展开批判的时候，也许恰恰忽略了沙利文提出这句口号的初衷，那原本是对阿尔伯蒂以来的古典装饰法则的忠实传承。

现身说法

沙利文与芝加哥学派的关系，以及与他的合伙人——阿德勒的关系，其实就是阿尔伯蒂所谓的"外形"与"构筑"之间的关系。从沙利文的立场看来，那起码是美学的精神层面与物质层面的关系，甚至，那可能是美学与非美学之间的关系。

在各取所需的合作里，沙利文放弃了"构筑"，而阿德勒则放弃了"装饰"，两人的决裂，正是起于对"体量构成"归属权的争夺。

丹克马尔·阿德勒发表《钢结构和平板玻璃在风格上的影响》（*The Influence of Steel Construction and Plate Glass upon Style*）已经是后话了。芝加哥学派在用钢结构将人类构筑的高度不断翻番的同时，也苦于他们对钢结构仅仅作为物质手段所呈现出来的形式的惶恐。沙利文的工作就是将钢铁构筑装扮成西方人更熟识的砖石建筑的样貌。这种技术手段与装饰手段的高度分离，反让技术与艺术各自走向极致——那也是阿德勒与沙利文曾经如此珠联璧合的原因。

芝加哥艺术学院发表过一组反映了范·艾伦家族织品商店（John D. Van Allen & Sons Dry Goods Store, 1913—1915）建造过程的照片（图10），这三张"连环画"清晰地反映了从"构筑"到"体量构成"再施加装饰的过程。这是沙利文用他的设计实践对他自己的装饰理论再生动不过的现身说法。

构筑：整组全钢结构框架共四层，正立面是等分的三个开间，方正规矩。这个结构构筑在建筑落成后是完全不在外观里示人的，因而其中没有丝毫美学成分，可以被精确定位成"构筑"。

体量构成：沙利文首先给整个钢铁构筑包裹了一层砖表皮，并用砖柱等分了原本的结构开间，让立面呈现为六开间的砖构。这个体量誊写了钢结构框架所"撑"出来的轮廓，但砌筑的围护以及六开间所形成的跨度尺度都让它看起来像是一座简洁的砖石建筑——这构成了这座建筑最主体的外观形式。它所呈现的外观都是在建筑的结构、构造及空间使用逻辑下获得的，其中所蕴含的建筑之美当然也是在物质层面的。

图 10 范·艾伦家族织品商店建造过程照片

装饰：沙利文用两端有花饰的纵长装饰物对其中三根砖柱进行了点缀。

在这三个步骤里，第一步的钢结构"构筑"是结构大师丹克马尔·阿德勒的作品，而后两步的"体量构成"和装饰则出自路易斯·沙利文的手笔。沙利文的操作颇有耐人寻味之处。

首先，砖围护的做法原本是常规的空间围合手段——围护总要做的，不过，用砖皮完全覆盖钢结构框架是一个明确的设计抉择。

第二，将3开间拆成6开间符合砖石砌筑的构造逻辑，不过，沙利文并没有将覆盖结构柱的砖柱与另加的砖柱从外观上区别开来，这进一步掩盖了原有结构的逻辑线索。

第三，沙利文在齐上下洞口边沿处用连续的水平檐线打断了7根竖向的柱，令水平元素在整个体量构成里压过了竖直构成——这并不是顺理成章的做法，在更多的作品里，沙利文都更倾向于保留竖向柱的连续性。

最后，沙利文用竖向的装饰物把其中三根原本被水平元素打断的砖柱重新强调出来，然而有趣的是，沙利文用装饰强调三根另加的非结构柱。这种带"中柱"的立面表达弱化了真实的结构特质，却精准地强化了建筑体量轴对称的几何特征。

那三根柱状装饰物当然是建筑装饰无疑，它们的角色完美地吻合了阿尔伯蒂的"附加性"和沙利文的"精神性"。不过，能被称作建筑装饰的却并不止于那三根柱饰：其实，在沙利文为钢框架穿上砖表皮的那一步里，除了对体量的反映与对原结构开间的匹配，他一系列掩藏和弱化原结构形式的操作，都意图明确、下手精准；在这一步，除了有物质手段所形成的作为透明形式的"体量构成"外，沙利文指向他的形式理想的那些设计操作已经跨越了建筑自身逻辑的范畴，那些直指精神层面的形式抉择让那层砖皮在某些层面超越了"体量构成"。只是那些深具建筑装饰意义的砌筑操作，并不如那三根柱饰一般可以被清楚地从建筑上剥离下来独立观察，它们与那些自然而然的围护功能难分彼此——只有在论及它们所达成的美学的精神性的时候，它们微妙的装饰属性才能被捕捉到。

Form follows function

尽管"form follows function"的口号是由美国艺术家霍雷肖·格里诺（Horatio Greenough）最早喊出来的，但如今已经成了路易斯·沙利文的标签式宣言。这句宣言通常汉译成"形式追随功能"。

值得注意的是：在沙利文的操作里，不同成分的形式之间水乳交融，但形式与功能之间却显得泾渭分明。这使我们不得不重新审视"form follows function"这句口号的细致含义。

在刚刚分析的范·艾伦家族织品商店的例子里，沙利文显然在尽其所能地用他的形式来消解并重构原结构中的功能逻辑。类似的消解和重构几乎贯彻在沙利文生涯中所有的作品里。

比如在1895年的保证大厦里（图11），沙利文一如既往地在砌筑表皮里加密了结构开间，在重构的柱列中同样不提供识别真柱柱身或柱位的线索。但是，与范·艾伦家族织品商店不同的是，他并没有弱化柱的表现，相反，沙利文让立面柱列略突出体量外皮，在强调了柱在竖向上的连续性的同时，也瓦解了原本多层框架结构的"格子"逻辑。其他的操作几乎都精准地指向这一意图：柱顶间的拱形连接提供了影射哥特式单层结构的暗示；而陶土面砖则进一步弱化了上下窗间的水平分隔，让它们看起来更像是柱间连续的纵向填充，让原本在高层建筑里不可忽视的水平向的楼层逻辑完全失去了存在感。弗兰姆普敦在《现代建筑——一部批判的历史》里声称保证大厦实现了"form follows function"的口号，不过理论家们总是把它檐口的圆形气窗作为证据，而对那些更普遍的、悖逆功能的操作讳莫如深；以及，弗兰姆普敦也不得不把那些上下窗间的陶土面砖形容成"不透明的花边"。

沙利文似乎并没打算用形式手段去强调阿德勒那些原本极具表现潜力的结构形式。沙利文的建筑形式仅仅是基本匹配了原结构所营造的体量，其实在绝大多数情况下，这样的匹配并不需要特别的设计抉择——想让它们不相匹配才是极难的任务。沙利文似乎更关心他笔下的摩天楼看起来是不是"哥特的"。《路易斯·沙利文，建筑之诗》（*Louis Sullivan, The Poetry of Architecture*）的作者罗伯特·图姆伯里（Robert Towmbly）也指出，温赖特大厦

（Wainwright Building）（图 12）的形式很大程度上受了巴黎圣母院的影响。

这种哥特式的倾向到了纽约的拜亚大楼（Bayard Building，1897—1899）（图 13）里已经毫不掩饰了。拜亚大楼的立面柱列倒是粗细分明了，不过沙利文并没有让它们演示结构与非结构的互文，反而利用这组形式进一步匹配了哥特拱券窗的意向；在檐口处和上下窗间墙处的花饰更加繁密，这把沙利文重构的"硬结构"与"软填充"之间的反差刻画得分外鲜明。这座摩天楼的"单层意向"比保证大厦和温赖特大厦都更强烈。

在沙利文生涯晚期的一系列小体量的银行建筑里，他总是选择充满伊斯兰风情的砖券建筑来确定表皮形式，比如他的国家农业银行（现西北银行，National Farmers Bank，1907—1908）（图 14）。沙利文独步天下的陶土面砖在传达伊斯兰意向时可以更充分地施展开来；其间即便偶尔提及哥特语汇，也只是提取有向心表现意义的玫瑰窗来单独引用，并在形式上杂糅了曼荼罗式的几何叠加。这时的沙利文早已经跟老搭档——丹克马尔·阿德勒分道扬镳，他甚至不再处心积虑地用装饰柱来混淆结构柱了，他干脆把建筑装饰成跟真实结构毫不相干的大拱券……

在沙利文的作品里，"形式"与"功能"之间的关系很难被界定成"追随"。如果一定要挖掘两者间的紧密关联，除了建筑外形与结构体量之间的必然匹配外，也许就是基于建筑的先天体量对表达原型的审慎斟酌了——体量高耸的摩天楼选择哥特的型，体量敦实的银行选择清真寺的型。其实，在俗常的讨论里，沙利文选择的那些"型"本该称作"风格"；不过，鉴于沙利文在《风格》里为"风格"赋予了独特的本体性意义——它由此建筑自身繁衍而来，而不是通过追逐他者得到——我不得不避开这个字眼儿。

回到范·艾伦家族织品商店的那三张"连环画"所演示的生成步骤，在阿德勒的功能与沙利文的形式之间，更鲜明的其实是设计工序上的"先—后"关系。其实"follow"这个词更直接的含义是在时间上的前赴与后继。把"form follows function"译作"形式紧随功能"似乎能更生动地还原沙利文的工作情境。

这句宣言的首创者——霍雷肖·格里诺在《美国建筑学》

图 11 保证大厦

图 12 温赖特大厦

（*American Architecture*）用自然生物的形式来阐释宣言的真谛，这应该也正是沙利文用那棵松树来讨论"风格"的渊源：

作为我们探索建筑的伟大原则的第一步，我们只需要观察动物的骨骼和皮肤，通过各种各样的走兽和飞禽，游鱼和昆虫，我们能不被它们的多样性和美丽所震撼吗？没有武断的比例法则，没有随意的形式范式。

不过，如果以这种有机逻辑来考察沙利文的行事方法，似乎很难解释：为何当一座钢结构的摩天楼敏锐地回应了它生成过程中的诸多影响因素之后，最终却获得了如此哥特的形式？

我们姑且不去论证这么艰难的命题。不过，有一点倒是更加清楚了：沙利文的美学理想与阿德勒提供的物质手段之间，差额如此之大——在装饰命题之下，这些论据显得尤为雄辩。

图 13　拜亚大楼

小结

一脉相承的阿尔伯蒂—沙利文装饰体系，不仅将装饰在建筑中的位置、操作方法和评价标准勾画得清清楚楚，还在美学表现与物质手段的思辨之中定义了建筑学存在的意义。阿尔伯蒂的建筑理论诠释了比他更久远的直通古希腊传统的过去；而沙利文则参与了现代主义的肇始。这种建筑装饰领域内的传承，贯穿了差不多整部西方建筑史。时过境迁，其中的核心问题仍被一代一代的建筑者执着地讨论着，从未间断。

当然，两位大师的装饰理论也存在着微妙的差异：阿尔伯蒂更倾向于在大一统的建筑理想下规范他的装饰操作，他自愿纠结于"坚固""适用""美"的复杂矛盾之中，装饰作为美的一个组成部分，必须接受"附加性"和"非真性"的宿命；而沙利文在他与阿德勒的"交接面"上把"形式"与"功能"切分得泾渭分明，这让他最大限度地开发了装饰在美学中的作用。

不管怎样，奠基了文艺复兴建筑理论的巴普蒂斯塔·阿尔伯蒂，与奠基了现代主义的路易斯·沙利文，他们关于建筑装饰的基本逻

图 14　国家农业银行

辑以及在建筑学里的位置达成了让人惊喜的高度共识。这让我们有底气暂时抛开装饰在现代主义以来的争议，了无牵挂地投入到对它的观察和讨论中去。

第三章 再现与本体

décor 与 venustas

décor

维特鲁威在《建筑十书》里提出了六则美学要点："ordinatio"（秩序）、"dispositio"（布置）、"eurythmia"（整齐）、"symmetria"（匀称）、"décor"（得体）和"distributio"（经营）。其实在维特鲁威的理论里，这六条美学原则的重要性还高于著名的"三要素"。

其中的"décor"同时具有"装饰"和"美"的含义，这也印证了阿尔伯蒂—沙利文对装饰与美的思辨结论。维特鲁威对这则术语的诠释指向它的变体——"decorum"，比较直白的理解是"合适"或"恰当"。《建筑十书》英文版的译者洛兰（Ingrid D.Rowland）把"décor"译成"correctness"也是基于这样的理解；再结合一些中国的文化背景，王贵祥先生"得体"的译法更是信、达、雅的妙解。

维特鲁威对"décor"的解释是：

décor 是作品呈现的文雅的外观，由有来历的元素构成，并能引经据典。

结合他相关的阐释来看，"来历"和"引经据典"的依据主要来自"意义"（mean）和"木结构逻辑"。

其中，传达"意义"的方法主要是象征，这有很多不同的角度。

比如从人体意义上看：雄伟的建筑应该采用多立克柱式，来强化建筑的雄性特征，并减少对装饰的使用；而婉约、纤柔的建筑则更适合雕饰繁复的柯林斯式——直到现代主义之初，阿道夫·路斯仍然把狭义的装饰视作女人的特例；爱奥尼的表达则介于多立克和柯林斯两个极端之间。

如果从精神意义上看：伊瑞克提翁神庙用的女像柱，跟雅典在波希战争中的一场胜利有关——柱在建筑里扮演着负重的角色，有奴隶的意味，雕刻成波斯女郎形象的女像柱恰好象征着希腊联盟对波斯人的奴役，这建立了某种精神和心理层面的优越感。

相比起来，"木结构逻辑"更加清楚和直白，它规范了在石作神庙里如何施加诸如三陇板、飞檐托饰、齿状檐口这类源自木构建筑的装饰元素——它们的形式和布置要点都应遵从木构逻辑。

　　不管是用象征意义来规范建筑形象还是用木作逻辑来选择石作装饰，本质上都是在用"此建筑"之外的依据来确定建筑的操作方法；相应地，它的评价标准也必然在"此建筑"之外。"décor"的逻辑呈现出了典型的"再现"意义。有趣的是，被弗兰姆普敦定义成"再现性装饰"的"decoration"，从字面上跟"décor"也有些耐人寻味的形似。

　　"décor"的原则在文艺复兴时期经过塞利奥的深入阐释，几乎成为维特鲁威六条美学术语里最为重要的命题，它成了包括装饰在内的所有建筑元素呈现"再现性"的源头，这是后话。

venustas

　　克鲁夫特在《建筑理论史》的某些特定语境下，也用"venustas"来表达"装饰"概念。在《建筑十书》里，这个术语用来表达与"坚固""适用"相对的"美"。第二章已经论述了阿尔伯蒂对"美"与"装饰"的辨析——美的内在性、绝对性和不变性使它有机会排除一切外在标准，成为一种自明的存在。"venustas"自明的本体性（ontological）刚好让它站在了"décor"的再现性（representational）的对立面。

　　因此，弗兰姆普敦在《建构文化研究》里把"ornament"定义成"本体性装饰"，让它指向"建筑核心的基本结构和实质"（The core of a building that is simultaneously both its fundamental structure and its substance）。抛开艰深的哲学诠释，"ornament"在英文里最平实的含义就是指代"装饰物"，这也让它有机会脱离环境和语境而获得某些更自明和独立的标准。

　　如果从"本体性"的视角重新审视阿尔伯蒂的装饰体系，也就不难理解他为何如此执着地在"美"与"功能"之间建立联系，以及他将"内在之美"与"装饰"再分的意义。"功能"恰恰是"建筑核心的基本结构和实质"的反映，是使所有实施于建筑的表达呈现建筑意义的核心线索。如果阿尔伯蒂没那么急切地把"内在之美"与"装饰"截然二分，他应该也会发现沙利文在美学的精神层面上提出的戏剧性和自明性这两类动机，也会走向类似本体性与再现性的二分。这解释了为什么阿尔伯蒂一方面把美与装饰二分开来，另一方面却在《论建筑》里把讨论"美"的第六书到第九书都命名为"ornament"。

　　相应地，在沙利文的装饰体系下，装饰所呈现出来的强烈的再现性倾向，也是建立在他独特的"体量构成"的概念基础之上的——"体量构成"所蕴藏的物质层面的美学必然是本体性的，接下来的装饰操作也只剩下再现性一条路了吧？

　　对于阿尔伯蒂的"内在之美"和沙利文的"体量构成"，如果剔除其中属于功能表现的部分，还能剩下什么呢？几何比例。几何比例是本体性的吗？这个问题稍显复杂。

　　自古以来，几何比例就是理性美学里最有代表性的规则体系，建立在数学规则基础上的比例体系具有内在性、绝对性与不变性，这些都是与本体性共通的。不过，就像"装饰"与"建筑装饰"之间存在着微妙的差别，"形式"与"建筑形式"之间也存在如出一辙的逻辑悖论。从哲学或美学的角度出发，几何比例之于"形式"无疑属于是本体性的内在机制；但如果从"建筑的"角度出发，那显然并不必然成为"建筑形式"的内在动机。

　　沙利文在他生涯晚期写的一本名为《一种建立在人类力量哲学基础之上的建筑装饰体系》（*A System of Architectural Ornament According with a Philosophy of Man's Powers*）的小册子里，用轴线（axis）演绎的几何方法诠释了植物"播种—萌生"（seed-germ）的神奇过程，从而发展出了一套从"有机自然"到"无机几何"再到"有机形式"的装饰演化机制（图 1）——那似乎与后来路易斯·康提出的"无可度量—可度量—无可度量"的思辨路径遥相呼应。在这里，沙利文实际上是用有机的"生长逻辑"（the logic of growth）置换了从柏拉图到阿尔伯蒂的无机的数学原则，而"生长"（growth）恰又是康在"order is"的那首充满玄哲色彩的理论诗里的核心概念之一。

　　然而，沙利文与阿尔伯蒂在面对几何方法时的态度存在着微妙的不同。文艺复兴的比例法则是构架在建筑学"之上"的方法，是柏拉图的"理性观念"（即"理念"）投射在美学上的华丽映像；起码在阿尔伯蒂看来，那作为世间万物的本体，当然也是建筑的本体。而沙利文虽然在"人类力量的哲学"里扮演着貌似造物主的角色，但是他用植物生长逻辑演化出的装饰形式却是来自建筑学"之外"的法则；这种借植物"生长"法则求出的建筑装饰形式，与沙利文在《风格》里讨论的建筑自身"生长"所获得的建筑形式从本质上完全不同——这种援引外在题材生长出的形式显然是再现性的。

因此，沙利文用"建筑中的装饰"（ornament in architecture）而非"建筑装饰"（architectural ornament）作为文章的标题就显得意味深长了：一方面，这言明了"ornament"首先作为"装饰物"的本体性；另一方面，让"装饰"先独立于"建筑"，这也保留了在不同条件和语境下去讨论"装饰""建筑""建筑装饰"等多种命题的余地。

"装饰"的本体性，到了"建筑装饰"的命题里却有可能是再现性的。而"建筑装饰"的本体性，也就是用装饰来强调的建筑自身逻辑——诸如沙利文在《风格》里所描述的建筑自身的生长逻辑——总与建筑的功能有关。

回到功能线索下的"建筑本体"，功能无论从"坚固"的技术层面还是从"适用"的人的层面都有着先在且明确的标准，那意味着《理想国》里由"需要"所构建起来的无须秩序的城邦，也意味着建筑学里某些令建筑之所以为建筑的先决的真实性。如何才能用"非真性"的装饰来强调建筑里无比"真实"的功能？这看起来是个充满悖论的命题。

彼得·艾森曼指出：阿尔伯蒂对"坚固"作了"看起来坚固"的美学诠释——这是我到目前为止看到过的对建筑装饰本体性最精彩的答案，言简意赅地解除了所有庸人自扰的悖论。

现实情况也许根本达不到阿尔伯蒂通过马的功能与美所声称的那种精密吻合的关系。事实上坚固的建筑，并不必然是看起来坚固的；以及，它那从物质层面看起来的坚固很难达到精神层面对坚固的感受的预期——对于"适用"亦同理。

因此，对以"功能"为线索的建筑本体的美学讨论，并不能被"功

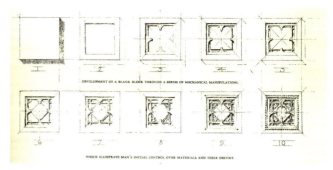

图 1 沙利文的装饰演化图

能"本身所取代。建筑装饰并不参与建筑本体的建构过程，但是，建筑装饰却可以对建筑的本体性特征进行演绎和强调，让那些特征的呈现达到它们原本不可能达到的清晰和强烈的程度——那由装饰催动出来的"出离真实"的部分在本质上当然是不真实的，因此，那是独属于装饰的领域。

让形式在美学上超越技术——这是阿尔伯蒂在《论建筑》里把"艺术法则"与"工匠的手"分开论述的初衷，也是沙利文在《风格》里区分"大师"（great master）与"小师"（little master）的依据。

对装饰本体性的讨论注定无法摆脱"艺术"与"技术"之间的纠葛。逻辑上，无论技术如何精湛，都只能拔高技术的境界，却无从令技术超越技术；而这种梦寐以求的超越，似乎只能在装饰的领域里图谋。

再现性与装饰

石作神庙的木构再现

在《建筑十书》里，维特鲁威给"建筑装饰"限定了一个非常狭窄的定义范围。维特鲁威强调，在古希腊、古罗马的神庙建

筑里，能被定义成"建筑装饰"的元素只有三个：三陇板、飞檐托饰和齿状檐口。这三类装饰无一例外都是对木作建筑的结构逻辑的再现。

三陇板（triglyphs）和飞檐托饰（mutules）是多立克神庙的专属建筑装饰。它们的形式都来自有大尺度水平托梁的多立克木构建筑的檐口构造。

在这类木构里，横向的水平托梁常搭在由柱直接承托的纵向梁上，矩形的梁端头朝外，构成整齐阵列的立面元素。在古希腊早期的木构神庙里，为了保护并点缀这些梁端，常拼合三块带垄槽的薄木片来覆梁端面——"三垄板"的汉译名称也由此而来（图2）。木材的逻辑是越大越贵，因此，这种用碎木料做饰面的工艺不只赏心悦目，更方便在饰面残损后更换，这比直接雕琢梁端要合理得多。在后来那些经典的石作神庙里，檐口全然是石材的，但古希腊石匠们不仅会在梁位表现三垄板，还会兴致勃勃地把用来固定饰板和下部衬板的销钉都雕琢出来，不折不扣地再现所有的木构细节（图3）。

飞檐托饰原本也是用来交接木构坡屋顶椽子端头与望板的小块构件，它把椽端构造收整齐，并在托梁与出挑的望板之间形成了一个鲜明的构造层次。在石作神庙里，匠人也会像雕琢三垄板那样夫把飞檐托饰上用来连接饰块和望板的销钉细抠出来。多立克建筑的装饰表现以简洁著称，这让这些再现木作工艺的石作装饰显得更加引人注目。

齿状檐口是典型的爱奥尼建筑装饰。爱奥尼木构是用密肋承托屋顶的（图4），这样的结构能实现的跨度远不及多立克式的木构，而且平顶居多——伊瑞克提翁神庙的女像柱阳台就是平顶的。齿状檐口就是对暴露在檐口部位的密肋端头的再现（图5）。

多立克或爱奥尼的木构建筑渊源，不仅为装饰的形式提供了范式，同时也形成了两套逻辑完整的装饰体系。三种石作装饰对木构原型的精确再现不只体现在传神的细节刻画上，在装饰的选型和搭配上也必须严格遵从作为再现原型的木构逻辑。为了辨清源流，维特鲁威从木构逻辑出发，严肃驳斥了当时流行的认为三陇板源于窗的说法：第一，三陇板出现在柱的中轴线，这些位置

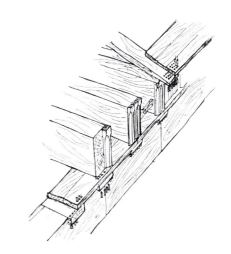

图2 木构三垄板

图3 石构三垄板

不可能有窗；第二，檐口处开窗会对檐口造成破坏；第三，如果三陇板是对窗的模仿，那么爱奥尼建筑中也应该采用三陇板才对。

维特鲁威特别强调："尽管只是模仿，也必须伪造房子的整套结构原则。"

由于爱奥尼木构里的密肋与多立克木构的椽子是功能相近的构造层次，因此，这两种装饰不应该出现在同一座石作建筑里——那在木构逻辑里是悖理的：

就如飞檐托块保证突出主梁的视觉，爱奥尼建筑中的齿状檐口也是模仿出椽。所以在希腊建造中没有人在飞檐托饰下施加齿状檐口，就是因为主椽下不可能再有椽。

在木作神庙的时代，因为能提供更大的跨度，梁体系的多立克木构在等级上高于密肋体系的爱奥尼木构。而当石作神庙取代木作神庙之后，尽管这些结构逻辑已经不复存在，但建立于木构差异的等级制度仍然被承袭下来。拉丁文的"装饰"（ōnāmentum）本来就有"等级""区分"的意思。

这两套装饰体系并不仅限于多立克和爱奥尼两种神庙的应用。维特鲁威在《建筑十书·第四书·柯林斯神庙的匀称》里提到：

多立克和爱奥尼的匀称都适用于这种新的雕刻类型（指柯林斯柱式）。

柯林斯神庙出现得比上述两种神庙要晚得多，因此它并不承载木构时代的渊源，它的核心特质在于柯林斯柱式的应用。不过，即便没有木构原型，柯林斯神庙仍然执着地再现木构形式——其实古希腊"黄金时期"的那些石头神庙，从来没有试图发展出独属于石作的形式来，它们基本的形式逻辑都是由楣梁体系的木构神庙催动着的。

当然，也有悖理的地方。三垄板、飞檐托饰和齿状檐口，它们的原型都是建筑的横跨构件，所以构件的端头一定都是从神庙侧立面的檐口部位伸出来的，而不会出现在有三角形山花的正立面上。不过在石作神庙里，那些本该出现在侧立面上的建筑装饰却出现在了所有方向的立面上。

既然古希腊人执着于木构逻辑的合理性，为什么却罔顾了这么简单的建筑逻辑？原因并不复杂：既然建筑装饰仅关乎美学，那么它当然更希望出现在神庙的正立面上——这是美学的逻辑。当技术的逻辑跟美学的逻辑发生冲突的时候，建筑的逻辑果然折戟沉沙了，因为装饰原本就是为了美学而生的。所以阿尔伯蒂认为物质手段无法实现所有的美学理想；所以沙利文不满足于物质

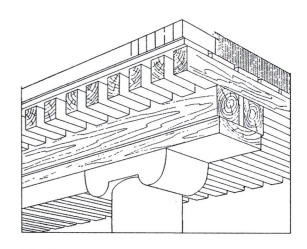

图 4 爱奥尼木构密肋

图 5 伊瑞克提翁神庙阳台檐口

层面的美学，要追逐精神层面的诗性和戏剧性。

木构逻辑，建筑逻辑，都围绕着建筑装饰的美学逻辑。阿尔伯蒂和沙利文阐释的装饰体系，至迟从古希腊时代就已经成熟了。

结构再现的传承

其实，古希腊匠人是纯熟掌握拱结构的，许多遗址和陶器显示，大大小小的石头拱券曾普遍出现在他们的地库和城镇入口的门洞上。只不过，古希腊人对神庙的美学图景是在早期木作建筑的时代就勾画清晰的，宙斯神庙、雅典娜神庙、波塞冬神庙、阿尔忒弥斯神庙……几乎每一座神庙都曾有一个伟大的木作的版本。因此，尽管古希腊人贪恋石头的永恒，却无法接受石头建筑的自然形式。

有资格被维特鲁威称为"建筑装饰"的只有那三个元素——三垄板、飞檐托饰和齿状檐口，它们全都是木构形式的石作装饰，是直指木作神庙的美学理想的补足手段。维特鲁威划定的狭窄范畴精确匹配了阿尔伯蒂—沙利文对建筑装饰的定义。这样的高度共识不只存在于古希腊先贤、维特鲁威、阿尔伯蒂和沙利文之间，这样的共识贯穿着整部西方建筑史。

19 世纪末，手握着钢结构技术的芝加哥学派，跟 25 个世纪前手握着石头工艺的古希腊建筑者们面对着一模一样的问题——世人不接受巨大的钢铁"怪物"，他们习惯了两千多年来的砖石建筑。这种强烈的"美学念旧"总是出现在新技术发端之际。在让人陌生的新技术之下，建筑师对建筑的本体形式很难形成清晰的认识，于是，本体性的美学理想也就无从建立；用新技术去再现曾经喜欢的形式，似乎是唯一的出路。不过，再现，绝非情非得已的权宜之计，人们太喜欢再现了。

美狄奇府邸被认为是文艺复兴的第一座宅邸建筑。建筑师米开罗佐不折不扣地承袭了古希腊神庙对木构造的再现，在每一层结构的楼层位置都用齿状檐口再现了支撑楼板的密肋（图6）。事实上，从檐口处结构设置的通风口布置来判断，真实的肋远没有立面上齿状檐口显示得那么密集——府邸立面的"透明"是结构概念的透明，而不是对现实详情的摹写。这种在真与非真之间的权衡分寸都跟古希腊神庙如出一辙。

这种表现其他结构逻辑的装饰方法在历史上代代相传，装饰的非真性能给操作提供多大的余地呢？巴洛克的室内装饰，把那

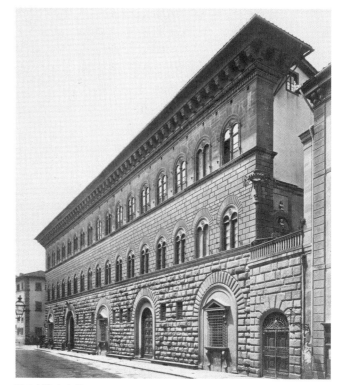

图 6 美狄奇府邸

些原本在建筑外部再现结构逻辑的装饰元素翻到了内部；这样的翻转做法能追溯到文艺复兴——米开朗琪罗在劳伦齐阿纳图书馆那个著名的楼梯厅里，用外立面开窗的做法处理室内壁龛；而在美狄奇家庙里，他甚至用屋顶山花来当雕塑的扪架……相比起来，尽管美狄奇府邸把用齿状檐口来标记楼层逻辑的做法"传递"到顶层，导致齿状檐口与飞檐托饰在屋顶檐口处狭路相逢而犯了维特鲁威的大忌，但比起米开朗琪罗与巴洛克建筑师们的做法来，也就不算太离经叛道了。

在现代主义肇始阶段时间，再现的情结也不只系于沙利文一个人身上——比起英国国会大厦那身毫不走样的哥特外衣来

（图7），沙利文的芝加哥证券大厦已经称得上本体性楷模了。混凝土表现的大宗师——奥古斯特·佩雷（Auguste Perret），为了在可塑的混凝土柱上留下类似古典石构柱的柱头和槽口（图8），引入了复杂的支模工艺和剔槽、抹灰做法，这些都不来自混凝土技术的自身需求，佩雷的古典意图昭然。

同样出于对混凝土美学的未知，弗兰克·劳埃德·赖特早期对现浇混凝土非常警惕，他结合了森佩尔的织物理论与沙利文的陶土面砖艺术，用预制混凝土砌块衔接了新材料的表现与传统砌筑的方法。

如果说作为杆件的钢结构还有木构作参照，那么通过浇筑来完成建造的混凝土技术就真找不到范本了。混凝土只是质地像石头，但建造逻辑却与石材南辕北辙，面对未知的新技术，无论最终的归宿在哪儿，它的起点总是从再现开始的。此后，佩雷和赖特从再现的起点出发，经由不同的路径分别把混凝土的本体性表现做到了极致，这也是后话了。

塞利奥的装饰语汇体系

不同于结构再现里"此建筑"对"彼建筑"的模仿，意义再现是一种"建筑"对"非建筑"的模仿，最经典的例子是古典建筑里用柱式比例来模仿人体比例。萨巴斯蒂亚诺·塞利奥创建了一套装饰语汇体系，在那套语汇里，建筑装饰几乎可以像文字一样再现一切信息。

塞利奥也引用古典柱式，但是他的柱式不只像古希腊神庙那样昭示建筑类型和等级，还能表达丰富的与建筑或建筑的主人相关的信息。这不只演示了沙利文美学在精神层面上的戏剧性，还充满了故事性：

古人将建筑献给神，将力量（robust）和精巧（delicate）的本性赋予建筑，如多立克创生于吉奥夫（Giove）、战神和力士，多立克形式源自男性身体；爱奥尼创生自狄亚娜（Diana）、阿波罗(Apollo)和酒神，源自女性形式，那兼备了力量和精美。狄亚娜，有文雅的本性，也由于打猎而具备力量；相应地，阿波罗有着温

图 7 英国国会大厦哥特外观

图 8 佩雷混凝土柱头

柔的美，也因身为男性而有力量；对于酒神也是一样。柯林斯样式来自处女的形式，他们将之归因于女灶神——贞洁女王。

就这样，塞利奥追溯柱式和各种装饰元素的来历，在其中追加了很多意义。维特鲁威认为作为"décor"的建筑装饰的特征是"引经据典"，而塞利奥把这种特征发挥到了极致。

为了加强戏剧性和故事性的表达，塞利奥放松了用砖石建筑再现木构逻辑的严谨性，因为跟神话、个性之类的内容比起来，建筑逻辑太抽象了，叙事也过于隐晦。塞利奥是非常熟悉从《建筑十书》里传下来的那些木构戒律的，他曾经严厉指摘马塞鲁斯剧场（The Theatre of Marcellus）重叠引用三垄板和齿状檐口的首层做法是"放肆"（licentiousness）的——因为重叠出现了再现梁头的饰带和三垄板。不过耐人寻味的是，他自己对装饰的图解就触犯了相同的原则。

在维特鲁威的《建筑十书》里，柱式法则主要是放在"匀称"（symmetry）的命题下讨论的。把柱式作为"装饰"来讨论是从塞利奥开始的。塞利奥正式提出了"组合柱式"（composite order）的概念，从此才有了"五柱式"的正统。据《关于萨巴斯蒂亚诺·塞利奥》（On Sebastiano Serlio）里的考据，就连"柱式"（order）这个术语也是肇源自塞利奥的：

……维特鲁威从未提及这种"罗马柱式"，是塞利奥创立了组合柱式的法则。因此，塞利奥成了第一位清晰、系统地编纂了五种柱子规范的理论家；他用图式条目阐释这些柱式，从"健壮"（robust）"结实"（solid）的塔司干柱式到"精致"（delicate）"华丽"（ornate）的柯林斯柱式和组合柱式。事实上，他是第一位在谈柱时引用"柱式"（order）——这个如今家喻户晓的术语的。

在这样的思路下，塞利奥发展了一套在私宅和公共建筑里用装饰来讲故事的程序。在塞利奥的程序里，建筑显然不只像维特鲁威认为的只有四种面貌（对应四种柱式），各种柱式所表征的"个性"可以被拆解开来，经过演绎性的含义解读并在同一座建筑里重新编排。比如，孪生的姐弟主神狄亚娜与阿波罗，因为他们一男一女又一模一样，因此用来代表他们的爱奥尼柱式就同时具备了男性的雄壮与女性的柔美。其实，切萨利亚诺（Cesare

图 9 切萨利亚诺"雌雄多立克"的柱式图

Cesariano）拆分"雌雄多立克"柱式（图 9）的做法也是出于相同的丰富建筑表意的需求。

当装饰的表达不再关注建筑逻辑，那么柱式和装饰元素的形式是不是严谨地反映木构逻辑也就不重要了。在塞利奥自己设计的爱奥尼式壁炉里，顶着爱奥尼涡旋的是一对体态弯曲的女像，它们的身姿完全屈服于壁炉整体的曲线轮廓（图 10）——除了传递一个关于"爱奥尼"的信息之外，它们已经不具备任何标准柱式的特征了，也不顾柱式的比例。不过，这种象征性表意的方式倒是跟当初希腊人在伊瑞克提翁神庙里奴役波斯女像的做法异曲同工。

塞利奥对建筑装饰的引用没有严格的限制，在他那本集萃建筑入口设计的《非常之书》（The Extraordinary Book）里，既有对古代遗迹的再现，也不乏"当代"的流行元素，而更多的则是多种元素的混杂，并常常伴有依据表意功能对装饰元素随机应变的修改：

有时我割裂三角形山花，是为了在中间放匾额（tablet）或是纹章盾饰（coat of arms）；我将柱子、壁柱和门楣合并起来；有时我割裂中楣、三陇板和植物纹样。

其中"纹章盾饰"本来是在军事建筑中区分敌我的标识，但在这里，它只作为和古代遗迹、乡村式以及五柱式类似的象征性形式，可以被放在任何建筑的入口上——只要能解释出意义就行。

在《非常之书》里常见一种"乡村式"（rustic）元素，是在清水墙里出现一种表面粗糙的砌块。塞利奥常在混砌的墙面上用乡村式砌块等距地截断打磨精致的壁柱，形成类似饰带的效果（图11）。塞利奥论著的英译者哈特（Vaughan Hart）和希克斯（Peter Hicks）在《关于萨巴斯蒂亚诺·塞利奥》里提到塞利奥的设计洋溢着文艺复兴时期"手法主义"（mannerism）的气质：

塞利奥意图编纂超越维特鲁威戒律的法典的想法，在他关于入口设计的《非常之书》中表现得更明显，这显然与塞利奥早期的原则完全相左，其中他展示了极尽装饰的五十种入口，表面上看起来放肆的元素，与当时文艺复兴盛期奇异的手法主义（mannerism）高度一致；同时，他的文字也说明，在乡村图案的大旗之下，维特鲁威样式仍盛行着。

塞利奥在实践里所表现出来的自由，已经完全抛却了他曾在理论中提出的对"放肆"引用的批评。其实，他常用的装饰元素是有限的：五柱式、乡村式、要塞及军事建筑元素……几种而已，正是在自由的"手法"下，在对各元素的断裂和混杂中，以及在对意义"说文解字"式的诠释和演绎后——设计的结果呈现出无穷的可能性。

在"乡村式图解2"中，山花被匾额截断了（图12）；出于相同的目的，在"乡村式图解13"中，山花干脆变成两个三角形分居牌匾和纹章盾饰两侧（图13）；在"乡村式图解15"中，被匾额截断的是山花下沿和中楣（图14）；在"乡村式图解14"中，入口完全没有柱式，而在上下两层分别引用了多立克的飞檐和爱奥尼的柱楣，再加上"乡村式"的外墙，这里同时表达了三

图10 塞利奥爱奥尼壁炉设计图

图11 乡村式墙饰带

图12 乡村式图解2

类符号，这被塞利奥称为"组合式"（composite work）（图 15）；在"乡村式图解 19"中，入口装饰的尺度几乎与实际入口的开洞毫不相干，它的高度接近真实开洞的两倍，这实现了塞利奥在《写给读者》中提到的"有些人希望在有限的空间里制造高大的效果"（图 16），为了强化这种效果，塞利奥在这里特地用填充而非拱顶的方式来处理门楣；在"精巧式图解 6"里，上部牌匾两侧的壁柱几乎成了被拉长的三陇板（图 17），这可以帮助我们理解为什么在"精巧式图解 16"里柯林斯式壁柱看起来只是有雕槽的平板（图 18）……在"手法"之下，维特鲁威的种种只是作为样式素材而非原则被引用着。

佩恩（Alina A. Payne）在《意大利文艺复兴建筑理论》（*The Architectural Treatise in the Italian Renaissance*）里谈到这种组合与诗学理论直接相关；出于相近的判断，哈特和希克斯直接把塞利奥对装饰元素的引用方法称作一种"语汇"（language）——装饰元素不只呈现建筑本身，还娓娓道来地讲述与建筑有关的故事。

当一套语汇系统被建立起来，新的表达内容和语法规则就会层出不穷。因此，塞利奥的装饰语汇系统所表达的内容必然远远超过古典建筑再现人体比例和木构逻辑的范畴，它成了建筑主人的名片。就像哈特和希克斯总结的：

> 对塞利奥而言，建筑的地域也理所当然地影响装饰的设计，从而影响到"得体"（decorum）；同时，装饰还往往要求反映业主的等级。

佩恩也提到：

> 他（塞利奥）从根本上建立了一套视觉线索体系，来提示和评论建筑类型、委托人的社会和经济地位、建筑所在的地域等。

这就把装饰的表意目标从对诸神的隐喻拓展到对使用者各式信息的说明。这种对世俗建筑的格外关照，不仅顺应了文艺复兴时代的人文风向，还在转换了美学理想的同时影响了装饰的表达气质——当再现的对象从神下放为人，评价标准就低得多了；一旦标准降低了，手法的花样反而会多起来。装饰有了"语法"，接下来就要扩充"词汇"了。

塞利奥从经典的建筑理论和俗常的建筑环境里都采集了大量

图 13 乡村式图解 13　　　　图 14 乡村式图解 15

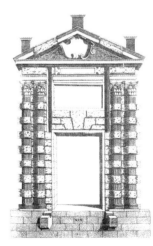

图 15 乡村式图解 14　　　　图 16 乡村式图解 19

的"词汇"。比如前面提到的"乡村式"。据莱昂纳多·本尼沃罗（Leonardo Benevolo）在《文艺复兴建筑》（*The Architecture of the Renaissance*）里的推测，"乡村式"来自欧洲在 13 世纪末到 14 世纪中的一波经济萧条——俭朴、低廉的乡村元素由此进入城市。

在塞利奥之前，阿尔伯蒂在《论建筑》里就评述过城市与乡村私宅在表现特质上的区别：

城里的私宅应该从个性上更加冷静，而乡村的则允许更加放纵；城里私宅之间的边界很拘束，而在乡村则可以自由得多。

阿尔伯蒂关于乡村建筑特征的评述还在建筑表达的范围之内；而在塞利奥的演绎下，"乡村"（rustication）概念不仅传递地域信息，还作为跟五柱式平等的表达个性的装饰元素。在《第八书》里，塞利奥明确了"乡村式"表达着诸如"保护"或"强壮"之类的意向。因此，在塞利奥的装饰体系里，"乡村式"未必仅用于乡村建筑，它是用来表达粗狂、自由含义的形容词；同理，在"得体"的理论下，也并不是越重要的建筑就施以越华美的装饰，表意的维度远不止于此。

跟语言系统建立的规律很相似，塞利奥从来没有自己发明过词汇，他所有的装饰词汇都是有来历、可以引经据典的。除了阿尔伯蒂的"乡村式"和要塞建筑中的纹章盾，还有因米开朗琪罗的匠心独运而风靡了整个巴洛克时代的断裂山花……但这与前面讨论的对"彼建筑"的再现完全不同，塞利奥对建筑元素的引用，目的都是表达"非建筑"的意义，这从《关于萨巴斯蒂亚诺·塞利奥》一文中的枚举里可见一斑：

塞利奥很多关于"décor"的理论表明，他在《第八书》中对建筑类型的区分，其实是对立面装饰级别和风格的刻画。他注意到罗马军团的入口，比如"在军营的主入口……用柯林斯与乡村式混合，来显示图拉真大帝在宽恕时的温和仁爱的精神，以及在惩罚时的有力和严格"。此外，关于执政官的入口，塞利奥在《第四书》中指出，多立克式适合"用兵之人"和"精力充沛的个性"；"执政官的入口应该简朴而庄严，那更适合领事级别；多立克式是最严肃的且最适用于军人的，因此整个建筑应该更精巧的多立克，因为帝王能被这样的建筑美所称颂"。

至此，塞利奥已经为他的装饰语汇系统建立了语法规则、词汇表和各种表达内容的示意。比起阿尔伯蒂着眼建筑自身对内在

图 17 精巧式图解 6　　　　　　　　　图 18 精巧式图解 16

美学理想的苦苦追寻，塞利奥这种"就事论事"的装饰操作更容易得到普及——只需要将业主的身世"翻译"成一系列装饰语言就可以了。塞利奥的目标，正是要让维特鲁威在建筑学里树立的精英"特许权"（licentia）降阶下放给更广大的、资质平凡的普通执业建筑师们。

如果说维特鲁威是西方建筑学里的诺亚，那么塞利奥很像普鲁米修斯。

塞利奥的装饰语汇体系近乎把建筑装饰的再现性表达推向了极致。臻于极致的副作用是让建筑装饰丧失了评价标准：当建筑完全以文学表达的方式讲述着非建筑的故事，那些装饰元素也就形同写在纸上的文字符号，仅仅作为意义转译的工具。如此一来，似乎就只需要解读那些装饰"说了什么"就够了，但是它们作为建筑元素在美学上的表现似乎都已经无关紧要了——这已经背离了建筑师凭借装饰去达成美学理想的初衷了。

塞利奥的背离与 20 世纪中后期的"后现代"建筑思潮所遭遇的美学困境可谓殊途同归。罗伯特·文丘里在母亲住宅的立面（图 19）里对历史建筑元素的引用还颇有米开朗琪罗手法主义

的味道：有柯布西耶水平长窗与俗常的矩形平开窗的并置，矗立在断裂山花后的高耸的烟囱活脱是米开朗琪罗的庇亚城门（图20），烟囱与入口弧形影壁间形成的贯通呼应里还有柯林·罗所发掘的"透明性"的影子……但是直观的叙事到了"长岛鸭仔"（图21）就已经进入了一种令人发指的直白。在类似的思路下，诸如弗兰克·盖里的"望远镜"和隈研吾的"爱奥尼楼"都已经通俗到略显粗俗——这种所见即所得的意义传达甚至跳过了用语汇表达的转译过程，完全谈不上所谓"诗学"了。

尽管塞利奥的装饰语汇看起来还是与建筑有关的——文丘里的母亲住宅亦如是；不过，那种指向"非建筑"内容的装饰表达，与文丘里在《向拉斯维加斯学习》里把纪念性以直白宣言的方式从建筑本体分离出来的生动插图（图22）似乎也只剩下一步之遥了。

第六种柱式

塞利奥没来得及迈出的那一步，在17、18世纪的柱式纷争里最终大踏步地走向了失控。

17世纪，各类艺术学科的法兰西学会如雨后春笋般问世，1671年建立起来的法兰西皇家建筑学会（Academie Royale d'Architecture）算是最晚成立的法兰西学会之一。这是法国后来一度成为欧洲艺术"学院派"中心的起点。不过在17世纪70年代，正统地位仍由意大利把持着。当时，法国人甚至找不到建筑学学术的讨论语境，据克鲁夫特在《建筑理论史》里的考证，他们早期最主要的学术活动是高声朗读维特鲁威和文艺复兴大师们的著作。

从维特鲁威的星星之火到意大利文艺复兴的如日中天，欧洲建筑学简直成了意大利人的"家学"。为了扭转这种学术地位上的落后局面，法国人开始致力于挖掘本土民族建筑的潜力。从今天回望，法国人的努力显然是成功的，至今欧洲艺术的学院风骨仍弥漫着法兰西的气息。

一个值得关注的转变是：从维特鲁威到阿尔伯蒂再到帕拉第

图19 文丘里母亲住宅立面

图20 米开朗琪罗的庇亚城门

图21 文丘里的长岛鸭仔

图22 "我是纪念物"的插图

奥、塞利奥们，他们仅关心"建筑"却很少讨论"意大利"，他们只是把建筑学的辉煌印记烙印在了亚平宁半岛的热土上；而法国学院派的先驱们则不同，他们必须通过在建筑里讨论什么是"法

○ 朗读有一个严格的顺序：维特鲁威，帕拉第奥，斯卡莫齐，维尼奥拉，阿尔伯蒂，卡塔尼奥。

兰西"，才能设法把法国人的民族标识铭刻在那座早已经树立了许多世纪的建筑学丰碑上。

这情境有点像当年路易十六被送上断头台——处决权威并没有带来思想上的平静；相反，个性与自由的迸发带来空前的躁动，以及启蒙哲学晚期的宿命论危机……直到尼采降临。在法国人撼动了罗马后裔的权威地位之后，欧洲建筑学也陷入了差不多的境地。

从维特鲁威到塞利奥，都把柱式作为建筑学讨论的核心命题；顺理成章，法国对本土建筑传统的探索也是围绕着柱式展开的——五柱式已经成为经典，接下来的第六种柱式，必须是"法兰西柱式"。

其实早在 16 世纪，德洛姆就开始寻求法兰西特征在柱式上的表达了。作为"准备动作"，他先把柱式的起源解释成用柱子对树干的模仿（这与帕拉第奥对柱式上细下粗的解释是一致的）（图 23），这样，柱式的渊源就脱离了古希腊—古罗马—意大利的地域传承逻辑。继而，他创造了最早的"法兰西柱式"（图 24）：

德洛姆想象希腊的柱子应当是一整块巨石雕琢而成，然而，在法国所能找到的石头，只能先雕成一些鼓的形状，然后再搭起一个柱子。这就需要将带饰加入柱式中，以掩盖其缺陷。

这其实是德洛姆对传统柱式工艺的误解。事实上，古希腊神庙里那些石头柱都是一摞圆形石材叠砌而成的，只不过在精密的打磨工艺和竖向槽口的视觉干扰下，那些水平向的拼缝不易察觉罢了。一个常识性错误居然成了民族建筑的特征，实在耐人寻味。

在塞利奥之前，五种经典柱式都与人体比例相对应，柱身细高比一向是第一特征，柱头装饰只是柱式的第二特征。在古希腊的三种柱式里，1:6 或 1:7 的多立克柱式对应健壮的男性；1:8 的爱奥尼柱式对应匀称的成熟女性；1:9 的柯林斯柱式对应纤柔的少女——它们都与地域或民族特质无关。到了古罗马时代，塔斯干柱式跟多立克柱式共享了粗壮的比例，它的创生开始携带了一点民族意味——所谓"塔斯干"就是伊特鲁里亚的地域称谓。不过，维特鲁威对塔斯干的阐述仍围绕着木构逻辑的渊源，它的民族意味仅停留在名字上，并不关乎形式。文艺复兴时创造出了 1:10 的组合柱式，这种最纤细的柱式不仅在名称上没有提及地域或民族信息，它的形式也完全来自当时的建筑情境：文艺复兴时的建筑

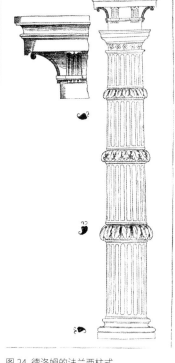

图 23 德洛姆的"树干柱"　　图 24 德洛姆的法兰西柱式

多数并不适合古希腊神庙式的外观——又粗又密的柱列不仅跟刚刚经历哥特建筑时代的城市环境很不协调，也影响建筑的使用；因此，伯鲁乃列斯基曾非常偏爱当时最纤细的柯林斯柱式；组合柱式的创生，其实是把细柱的应用范式化了，它的动机完全来自建筑学内部。

反观德洛姆的"法兰西柱式"，仅仅在柱身上增加了几圈饰带纹样，它既不关乎人体比例也不关乎木构逻辑，它从方法上与经典的五柱式毫无关联。那几圈饰带只是为了区别于五柱式的标记而已，也并不携带任何关乎法兰西的形式特征。就像克鲁夫特评论的：

实际上他所谓法国柱式，只是在原有的柱身上附加以带饰，这不过仅仅是五种柱式增加了另外一个版本而已。

这其实也是无奈：截止到意大利文艺复兴时代，建筑师们总是试图与传统寻求共性；而在德洛姆以及他的追随者看来，建筑的首要任务是勾画出与其他民族建筑传统之间的差别。如果说从古希腊到文艺复兴的建筑形式是由"人"决定的（人体比例是维特鲁威"匀称"的核心），那么 17 世纪以后的民族建筑就是由"人种"决定的。

这就不难理解作为法兰西皇家建筑学会"双子星"为何要重新定义维特鲁威的"匀称"：关于"symmetry"，弗朗索瓦·布隆代尔将它诠释成"均衡"；克劳德·佩罗则把它解释成"对称"——不管布隆代尔跟佩罗之间的分歧多么难以调和，但关乎人体比例的问题却被这对冤家心照不宣地略过了。

出于差不多的"私心"，德洛姆试图从《旧约》里重新寻求对传统建筑的诠释——把建筑比例追溯到基督教的诺亚方舟、圣约柜，《出埃及记》里的犹太避难所以及《以西结书》里的所罗门神庙……总之，要把意大利人"嫡传"的传统变成全欧洲共享的。这种理论的影响延续至今，在莱昂纳尔·马赫（Lionel March）的《人文建筑术》（Architectonics of Humanism）里，就完全沿袭了德洛姆的观点：马赫提出建筑五柱式的比例都来自《旧约》对诺亚方舟的描述，并提供了严密的演算过程，还移花接木地把这种观点"强加"给阿尔伯蒂——马赫在正文里声称五柱式的比例与诺亚方舟的渊源是阿尔伯蒂最先提出来的。随后，他在这段正文里的注释里注明：阿尔伯蒂并没有表达过这样的观点，以及，阿尔伯蒂在世时组合柱式还没出现……

法国艺术理论家罗兰·弗雷亚特·德·尚布雷（Roland Fréart de Chambray）沿着德洛姆的方向走得更远，他把矛头直接指向了法兰西建筑最大的敌人——意大利传统：

罗马柱式（塔斯干式和组合式）是希腊柱式的堕落。他对组合柱式怀有一种很深的敌意，认为它最不理性，完全与"柱式"这样的称谓不相吻合，"它是溜进建筑学中来，并造成种种困惑的源头"。

效法德洛姆用基督教传统偷换古希腊传统的手段，尚布雷把与所罗门神庙有关的柯林斯柱式树立成"建筑之精华，柱式中的柱式"。

其实，最早在"所罗门柱式"上取得进展的是意大利大师——瓜里诺·瓜里尼（Guarino Guarini），他在复原所罗门神殿的过程里推导出了一种"终极柯林斯柱式"（ordine corinto supreme）。不过，就像前面提到的，瓜里尼对所罗门柱式的研究延续着文艺复兴先贤们对细柱问题的关注——他不只研究所罗门柱式，也在研究以纤细著称的"哥特柱式"（ordine gotico）。

瓜里尼应该想不到，他的工作竟然成了欧洲各民族争夺"第六种柱式"归属权的主战场。

法国人尚布雷还没来得及现身说法，西班牙建筑师维拉潘多（Villalpando）就抢先推出了他"复原"的所罗门柱式。有意思的是：《以西结书》里明明说所罗门柱头是"被制作成好像是百合花的艺术效果"，但到了维拉潘多手里，柱头却被赋上了代表西班牙的石榴装饰（图 25）。

晚到半步的尚布雷总体上"采纳"了维拉潘多的成果，不过他把代表西班牙的石榴图案替换成了跟法国渊源更深的棕榈树果实和叶片图形（图 26）。在你争我夺之间，从伯鲁乃列斯基到瓜里尼所关注的细柱课题早已无人问津了。毕竟，比起推敲隐晦的柱身比例来，把直观的民族符号插在柱头上是更容易办到的事。后来，法兰西皇家建筑学会的会长——布隆代尔提出柱式的核心特征在柱头装饰，也是对这场争夺战的理论声援。

可惜，法国理论家们前赴后继地为"法兰西柱式"所做的理论铺垫，却并没帮他们抢占"第六种柱式"的权威地位。"抢注"新柱式专利的远不止维拉潘多一个，在之后的一百年里，城头变幻大王旗——德国的斯图尔姆（Leonhard Christoph Sturm）杂糅了多立克和爱奥尼柱式的诸多元素，发明了"德国柱式"（图 27）；18 世纪，英国人詹姆斯·亚当（James Adam）给柱头装上飞马、飞狮之类的英伦符号，"英国柱式"就应运而生了（图 28）……

强调民族特征的企图把建筑师的注意力再一次从建筑自身的问题上移开——为了标新立异，搔首弄姿也就在所难免了。这类

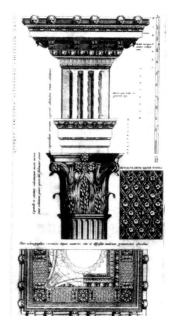

图 25 维拉潘多的西班牙柱式

图 26 尚布雷的法国柱式

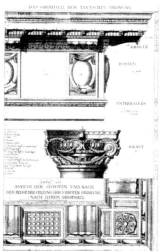

图 27 德国柱式

图 28 英国柱式

用装饰符号宣誓民族归属的方法十分简单，可以轻易地被模仿和传播，当然，也容易颠覆。

后来，或许是法国人厌倦了混乱不堪的柱头战场，他们借高卢三女神的寓意发明了"三柱式"（图 29）的做法，打算以此来作为法国建筑的标志。不过，通过喻义附会出来的形式始终缺乏建筑的内在逻辑，于是毫无必然性可言——这样的形式当然可以层出不穷，只是不会有哪种形式能脱颖而出罢了。

至今，我们仍然不知道公认的"法兰西柱式"是什么样子，而法国人试图比肩的那些古典柱式却仍然隽永。与布隆代尔一时瑜亮的克劳德·佩罗，在设计卢浮宫庭院三层柱廊的时候，曾为了避开传统五柱式考虑过女像柱的做法——之所以没有实施，或许是因为绕开了五柱式却绕不开伊瑞克提翁神庙的阳台吧……

再后来，法兰西皇家建筑学会终于凭着布隆代尔和佩罗关于哥特形式的论战，洗脱了"哥特"在文艺复兴时代留下的恶名。令人恼火的是：他们还没来得及宣誓法兰西建筑对哥特传统的"嫡传"地位，就又陷入了与德国人的"夺嫡"之争。至今，法、德之间的哥特争端仍未和解。20 世纪初，德国艺术史大家威廉·沃林格出版了《哥特形式论》，书中有一段罗列欧洲各国对哥特艺术的影响，竟只字不提法国……

当建筑上的装饰放弃了对美学理想的追逐而仅仅表达某种立场，那么，那些装饰就丧失了"建筑的"属性，它们是否还能称为"建筑装饰"就得打个问号。尤其对于把"非建筑"题材作为再现目标的装饰而言，这种风险还格外高些。"非建筑"再现的难度恰恰来自过低的形式门槛，那些形式隐喻——甚至明喻的方法太过简单；装饰操作不再曲高和寡，却成了潘多拉的魔盒，一经开启，就只见无穷尽的轻浮形式奔涌而出……最终唯有"建筑"留在盒底，不见天日。

泾渭分明

不管用建筑装饰去再现"彼建筑"逻辑还是"非建筑"题材，只要装饰不再表达"此建筑"，那么它都会自然而然地跟建筑本体分离开来。从阿尔伯蒂—沙利文的装饰原理来观察，这种分离可以让建筑装饰更清晰地被区分、识别出来。

当我们能在建筑本体与建筑装饰之间勾画出一条泾渭分明的分野时，对装饰的研究和操作都可以更加清晰和明确。只要沙利文不燃起帮阿德勒表现钢结构的念头，他就可以在"构筑""体量构成"和"装饰"的三段流程里清清楚楚地操作他的装饰。还是拿范·艾伦家族织品商店当例子：在"体量构成"那一步里，实现围护功能与表现砖石美学的操作难免有难分彼此的地方，但沙利文在正立面上放置的三根柱状装饰却是不折不扣的装饰物；以及，那些摩天楼的柱间填充部位制造了柔软编织效果的花饰繁复的陶土面砖，都给沙利文尽情挥洒装饰天赋提供了大舞台。

这个道理不算复杂：当建筑装饰不必顾及"此建筑"的要求，它当然有更广阔的发展空间，因此，再现性装饰更容易做充分、做极致；然而，空间广阔的副作用也很明显，当装饰摆脱一切束缚去寻求自由表达时，它不仅会脱离"此建筑"，还很容易脱离"建筑"——这就是塞利奥的装饰语汇和"第六种柱式"发展到最后的宿命。

怎么利用装饰的"附属性"和"非真性"来兑现建筑装饰的表现空间，同时又避免装饰从建筑上脱落下来从而沦为形同摆设的装饰品？这是再现性装饰的核心命题——这是在"第五章 谜底与谜面"里要讨论的问题。

此刻，我们只需要充分认识再现性装饰那难能可贵的清晰性。

这种泾渭分明的清晰性可以帮助建筑师获得一种用"已知"来对抗"未知"的力量。在新材料、新技术刚刚出现的变革时期——就像当年希腊人用石材取代木材的当口，也像工艺革命以后混凝土技术、钢铁技术出现的当口，再现的清晰性都可以引导建筑师走出迷茫。

于是，才有了三垄板、飞檐托饰和齿状檐口；有了沙利文的哥特摩天楼和伊斯兰银行。古希腊神庙用石作表达木作，却仍被西方建筑学奉为神话般的起点；沙利文把最极致的古典手法招呼在现代技术的摩天楼上，却仍跻身现代主义的先驱行列，并一度

图 29 寓意高卢三女神的"三柱式"

被后来的高技派奉为偶像。自古，在迷雾里为建筑师导航的，一直是再现的欲望。

那在走出迷雾之后呢？再现性的起点倒不必然导致再现性的结局。像古希腊神庙那样"定格"在再现性手法当然是水到渠成的事——这几乎也奠定了古典主义的全部传统。不过在更多时候，建筑的本体特征总是在再现"他者"的过程里被不断发现的：奥古斯特·佩雷在用复杂模板再现古典柱头的过程中发现了模板表现的潜力；赖特从沙利文的陶土面砖出发发展出了空心混凝土砌块的神奇砌筑；而在赖特结束了长达十年的混凝土砌块的尝试之后，才在约翰逊制蜡公司的办公楼里插上了那朵极具结构理性色彩的无梁楼盖……

以及，密斯的钢铁摩天楼究竟是践行了阿德勒《钢结构和平板玻璃在风格上的影响》里的精神，还是移花接木地把沙利文的砖石壁柱和陶土面砖置换成了钢柱和玻璃？没人知道。不过，密斯也几乎不表达摩天楼的水平楼层，他在西格拉姆大厦立面上凭空挂上的那些工字钢装饰柱，其哥特气质也毫不亚于沙利文。

本体性与装饰

哥特肋

关于哥特建筑的定义与哥特建筑的起源，其实是同一个问题。持着哥特建筑的定义按图索骥，就能找到第一座哥特建筑。

一种比较普遍的观点认为：第一座哥特建筑是巴黎城外的圣丹尼斯修道院（Abbot of St Denis），依据是这座修道院的院长絮热（Suger）在 1144 年写了第一篇有关哥特风格的文章——《神圣修道院圣丹尼斯之述》。这是一种基于文献的史学判定。

相比起来，保罗·弗兰克尔在《哥特建筑》（*Gothic Architecture*）里提供了更清晰的建筑学判定。弗兰克尔用露明的肋在哥特建筑与罗马风建筑之间划定了一条泾渭分明的界线：

当成对角线的肋施加在"棱拱"（groin-vault）上，罗马风建筑就进化为哥特风格了……哥特风格起始于对角线肋与棱拱的结合，没有必要分别追溯这两个元素的血缘。只有二者的结合才产生了哥特肋和哥特拱，换句话说，只有和"棱拱"在一起，肋才是哥特的。

这个定义可以概括成等式：**哥特形式 = 棱拱 + 肋**。

"棱拱"（groin-vault）是个不常见的术语，不过这个术语比"交叉拱"（intersecting-vault）或者"十字拱"（cross-vault）更能精准地描述哥特建筑出现之前中世纪拱顶的面貌。"交叉拱"描述了两个筒形拱（barrel arch）正交贯合形成的拱顶单元的形态，"十字拱"则描述了矩形开间里成对角线关系的拱肋形式，这两种术语都是描述拱顶的几何构成，但并不描述拱顶的表皮特征。而"棱拱"中的"棱"（groin）原本用来表达"腹股沟"，它非常生动地描述了拱顶表面上在几何交接处呈现的折痕。这些棱状的痕迹，并没有被贴面或者抹灰完全掩盖，但也没有被特别表现出来——这就是哥特建筑出现之前，尤其是罗马风建筑拱顶的普遍特征（图 30）。

棱拱加上露明的肋，才是哥特建筑在建筑学层面的独特特征。

不管是不是用肋来定义"哥特"，哥特建筑上的拱肋都是不

图 30 带抹灰的棱拱

可忽视的标志。在絮热的文章里，把拱肋按几何特征称作"弧"（arcus）——在尖拱普及之前，拱肋多数是圆弧形的。出于差不多的逻辑，坎特伯雷修道院（Canterbury）的杰瓦士（Gervase）在 1188 年用了"弓形拱顶"（arched vaults）这个词。大约在 1230 年，维拉德·德·霍恩科特（Villard de Honnecourt）第一次提出了"ogive"（对角肋），"ogive"源自拉丁动词"augere"（加强），因为普遍认为拱肋对拱顶是起加强作用。

哥特建筑的肋之所以引人注目，就是因为在此之前的拱肋从不露明。"rib"在英文里最俗常的意思是肋骨——骨骼作为结构支撑身体，更重要的是它一定在皮肉之下不会露明，这也符合罗马风建筑的一般特点。所以，早期比较严谨的术语称之为"秘肋"（crypto-rib）。

拱肋是不是加强了结构呢？无法一言以蔽之，稍后再谈。不过，秘肋在罗马风拱里的作用确实是纯技术性的：在建造过程中，先竖立起成对角线交叉的拱形骨架来为拱顶定型，作用有点儿像工地里的定位放线（图 31）。在拱顶完成之后，拱肋当然就像肋骨一样隐匿在内了——不可见，当然也就没有美学功能。

保罗·弗兰克尔所指的"肋"并不是上述普遍意义上的拱肋——那是一种露明的、以表现为首要目的的建筑元素。如果用这种特殊的"哥特肋"作为定义的标准，那么，始建于 1093 年的英格兰

的达勒姆教堂（Durham Cathedral）就是第一座哥特大教堂。其实，根据弗兰克尔的考据：可知的最早有可见肋的拱顶，出现在1077年建成的位于诺曼底巴约（Bayeux）的一座塔的门廊上，暴露出来的肋可能是因为拱顶抹灰脱落而导致的（图32）。主持建造达勒姆教堂的威廉大主教是当时统治诺曼底公国的威廉一世的儿子，他跟巴约的奥多主教（Bishop Odo）私交甚笃，达勒姆教堂的露明肋很有可能是受了巴约那座失修的塔的启发。

　　关于哥特肋的结构作用，在现存的哥特建筑里，有些肋承重，有些不承重。比如有研究认为，沙特尔大教堂的拱肋是承重的，但达勒姆教堂的歌坛拱顶只是刚好达成自身平衡，拱肋并不支承额外的荷载。冯·西姆森在《哥特大教堂》（*The Gothic Architecture*）里指出：

　　　　无论拱肋还是壁联柱（respond），曾经都不是纯粹"功能的"，拱肋当然可以帮助承托拱顶，但并不是不可或缺的；而壁联柱是如此脆弱，如果没有它们之间的承重墙，它们甚至不能负担自己的重量，更毋谈拱顶了。

　　从摆脱结构功能到成为表现的核心，拱肋的装饰潜力是被逐渐发掘出来的。

　　当然，最早的哥特肋还谈不上表现，它的装饰性起初只是出于掩盖节点和矫正形态的目的。无肋拱顶留下了扭曲的双曲棱，当用石材砌筑完成这种扭曲形态之后，扭曲的棱线更显得参差不齐——贴在棱痕上的露明肋则以"正确"的规则形式清除了那些"错误"。可以认为：哥特肋最初的目的与造价、静力学等技术因素都无关联；相反，它的使命就是为了重塑拱顶上那些因技术因素而留下的非理性的形。哥特肋弥合了物质手段跟美学理想之间的差距，代入阿尔伯蒂—沙利文装饰理论的判定，那当然是不折不扣的装饰。

　　如果把哥特肋作为哥特建筑的核心特征，而这个核心特征又恰恰是装饰……这似乎跟由哥特建筑宗师——维奥莱-勒-迪克为哥特建筑塑造的"结构理性"的形象格格不入。不过，弗兰克尔认为这两种观点其实并不冲突：

　　　　有人会说这些肋被用于了装饰目的（decorative purpose）。

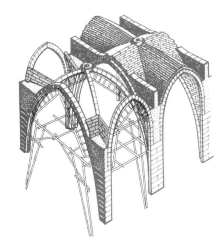

图31 哥特教堂拱肋支模图

图32 巴约的露明肋

装饰（decoration）的意义，是一种艺术服务于另一种艺术：雕塑、绘画以及装饰物（ornament）服务于建筑，或者小尺度建筑（如圣坛天棚、小型墓葬建筑等）服务于大尺度建筑。把肋称作装饰（decoration），导致一个问题，就是建筑中的其他元素，无论是小尺度的还是大尺度的，都可以被称作装饰。将建筑的某些部分归结为纯粹的装饰目的或纯粹的建筑目的都是有争议的，如果建筑萎缩得仅仅剩下功能，它也就很难被称作"建筑"（architecture）

了。建筑中的象征形式，诸如基座、杆件、柱头、拱、支模……这些从始至终、自上而下、无论是荷载还是支撑，都是美学的体现，都是对建筑最基本的功能形式的点缀（adornment）。

弗兰克尔对"建筑"（architecture）的至高而又苛刻的定义，以及他关于"点缀"的讨论，都跟路易斯·沙利文如出一辙。我至今仍无从追溯这究竟是出于直接的思想传承还是顺理成章的理论共识。

弗兰克尔并没有刻意区分哪些建筑元素是"功能的"，哪些要素是"装饰的"，他发现了功能性元素的装饰性。建筑的装饰再现了建筑的功能——让该坚固的看起来坚固，让该精确的看起来精确。

既然哥特肋以表现为核心，那么它是不是具备真实的承重功能就不重要了，只要它"看起来"承担着荷载，并清晰地勾画出建筑的结构逻辑。其实，结构理性最终不是"结构的"而是"理性的"——理性是观念上的而非技术上的，建筑的理性是关于理想观念的。因此，结构理性同样也存在着稳定的理想观念与不可完全控制的物质手段间的鸿沟。完美吻合理性的结构在现实的物质世界里是不存在的，而哥特肋，正是为结构的物质手段补足的纯理性部分，是用结构元素对结构的点缀。

这样看起来，哥特肋与古希腊传统下的三陇板、飞檐托饰和齿状檐口有着诸多共通之处——都是对结构逻辑的再现。但它们的差别也同样明显：古希腊建筑装饰是石作结构对木作结构的再现，是一类建筑对另一类建筑的再现；而哥特建筑装饰是石作结构对石作结构的再现，装饰的美学目标坚决地指向"此建筑"的核心特质，并让此建筑的特质以它自己原本难以企及的清晰性和表现性昭然于世。因此，哥特肋应该算是本体性装饰当仁不让的代表。

哥特尖拱

拱肋，原本是给拱顶提供定位，后来用来校准棱线——对棱拱棱线的校准，最终导致了尖拱的出现——这是哥特建筑的另一个独特特征。从表观上看，整座哥特大教堂，几乎就是由大大小小的相似尖拱叠合、阵列而成的（图33）。在19世纪，"尖拱"的概念一直是用霍恩科特提出的"对角肋"（ogive）来指代的，两种建筑元素共享相同的名称，这刚好也印证了尖拱与那组沿对角线的轨迹是同源的。

早期拱顶的构成逻辑是两个半圆形截面的筒形拱贯合而成的交叉拱。这样的构成逻辑清晰简单，但是，正方形的开间单元与矩形的开间单元所形成的拱顶形态差异很大。

只有两个直径相等的筒形拱构成的正方形开间，它们的贯合线在平面上才是笔直的对角线，在空间上是规则圆弧。正方形开间的拱顶，拱肋与拱面的定型都极标准（图34）。

不过，要想用半圆拱构成矩形开间，那么问题就出现了：如果让两个筒形拱的直径分别匹配长、短两边，那么当它们在相同的标高上起拱，直径小的那个拱的拱顶必然低于直径大的，它们的贯合线无法在拱顶的最高点交叉（图35）。这样的拱顶在结构强度、定位和定型上都很难成立。对此，中世纪的匠人们做过各种各样的尝试。

尝试一：改用直径相同但长度不同的两个筒形拱（图36）。这在技术上是完全可行的，代价是空间受限。因为长拱的两端会留下较长的拱脚，成段的拱脚没法用柱来支承，只能用墙段，影响了空间的空透。

尝试二：仍让两个筒形拱的直径匹配开间的长、短两边，强行把贯合线拉通。这样一来，交叉拱的四个点状的落脚可以由四根柱支承，空间恢复了空透，贯合线也是标准的平面圆弧。难题出在直径较小的那个拱的拱面上：矫正过贯合线的拱面无法保持简单的半圆筒，而是变成一种由贯合线与半圆形侧拱"放样"出来的非标拱面（图37）。这样的拱面无法用简单的几何形来描述，支模难度比较大；从观感上，大直径拱面成简洁的筒形，小直径拱面成复杂曲面，反差太大——这种过于鲜明的反差盖过了拱顶单元之间的差异，破坏了拱顶单元在空间里阵列而成的序列关系。

尝试三：从拱脚处垫高直径较小的筒形拱，把两个拱的拱顶放在相同的标高上。在获得了四个点状拱脚的同时，两个拱的拱面也都保持了简单的筒形。这样做的难题转移到了贯合线上：弧度不同的拱面贯合起来是无法获得标准的贯合线的，贯合线在平面上的投影是"S"形的曲线，在空间上成三维的非标曲线（图38a）。这样的贯合线很难定位，更难用砖石建造出来。问题看起来不大，但挺难解决：第一，交叉拱顶的支模首先是基于对侧拱和贯合线的定位，贯合线无法定位，支模也就无法完成；第二，即便能造出来，当人从地面仰望拱顶时，印象最深的就是一组组交叉的贯合线，保罗·弗兰克尔认为一向追求精确的建筑师们很难接受这样的权宜之计：

　　所有的建筑师都会注意到这一偏离，因为他们总是试图创造精确的线，这些非理性的曲线对他们而言是"非礼"的。

　　三种尝试各有取舍，尽管都不可接受，但是貌似"尝试三"最接近理想答案。于是，接下来的版本就在"尝试三"的基础上强行校正了"非礼"的贯合线——把贯合线在平面投影上"拉直"，让它们重新回归二维。这样的操作牵动了小直径拱的拱面，拱面被拉扯成了近似抛物线的截面，尽管也算不上标准几何形，却比"尝试二"的放样形规整多了（图38b）。

　　放弃了完型的拱面，转而追求完型的贯合线，以拱面定义的"交叉拱"就这样演变成了以交线定义的"十字拱"。

　　贯合线被矫正以后，问题被转移到侧拱上了，类抛物线也难定型，支模问题仍未解决。为了支模，匠人们不得不进一步矫正侧拱。让侧拱的立面形跟贯合线各自为政，就要接受"放样"而成的非标拱面——比起非标的贯合线和侧拱来，非标的拱面似乎更好接受些。只要能保证大致平整，拱面在技术上和视觉上的容错率都更高些（图38c）。

　　让我们略过反复推敲的过程，到了"盛期哥特"（high gothic）时期，中世纪的建筑家们找到了矫正侧拱的答案——尖拱。其实，难题的根源之一就在于不同直径的半圆弧难以相互匹配；而尖拱之间匹配起来要容易得多。每个哥特尖拱都是由两段标准圆弧构成的，容易定型和定位，方便支模；侧拱作为立面构成元素需要更高的确定性，因此两段劣弧常以交心圆的关系接合。不仅侧拱如此，拱顶也可以用类似的尖拱来完成，只要调节贯合线

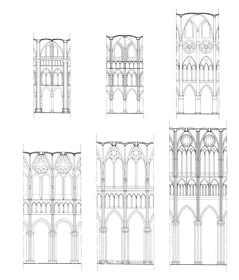

图33 各式尖拱立面示意

图34 正方形开间的拱顶

图35 矩形开间导致的高低拱

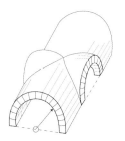

图36 直径相同但长度不同的筒形拱贯合

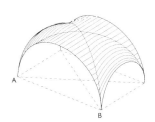

图37 强行调整拱肋

中各段圆弧的曲率和交接角度，通过定义尖拱的尖度就可以保证整组拱顶的交圈（图38d）。这样，所有用于拱顶支模的定型、定位都可以由标准圆弧来实现；拱面的曲面需要在不同曲率的圆弧之间放样获得——尽管并不标准，但每一瓣拱面都具有很高的相似性，看起来非常匀质。

历史证明，这是解决哥特拱顶构成难题的最理想的权宜之计。这长篇累牍的演变历程昭示了一个事实：哥特尖拱的出现，与任何其他时代或其他类型的建筑无关；尖拱的形式完全是在哥特建筑自身的技术逻辑下推衍获得的。这种形式生成的机制简直是对沙利文独特的"风格"理论的现身说法——形式如植物般生长，核心特征由种子决定，而发展历程则敏锐地回应着土壤、微风、阳光、雨露……尖拱形式演示了从"此建筑"到"此建筑"的极致本体性。

在任何一座哥特大教堂里，作为拱顶侧拱的高侧窗的顶层尖拱形式是由十字拱的尖度决定的，其他门券、窗券、盲券等各类尖拱的形式都来自对顶层尖拱的模仿。这样，每座教堂自身就都呈现出某种独有的尖拱群的面貌（图39）。在许多实例中，连玫瑰窗的形式都是由尖拱的放射形阵列形成的（图40）。可以说，整座哥特大教堂的外观不过是它自有的尖拱单元的反复重现，在这样的形式表达里，几乎看不到指向"他者"的元素，有的只是对自身特征的不断重申。

"去物质化"

有比较人文的观点认为哥特建筑的尖耸外形来自欧洲北方民族对黑森林的故土记忆。这种通过形似和象征意义建立起来的关联当然有其直观和雄辩之处。不过，如果从建筑学角度去研究哥特装饰的内在机制，会发现这并不是对森林形式的简单再现，而是由本体性操作带来的与某种自然特质的殊途同归。

要想探究哥特装饰的内在逻辑，就得从解读哥特大教堂的"任务书"开始。在这份任务书里，宗教希望建筑达成的两种效果其实构成了一对尖锐的矛盾。

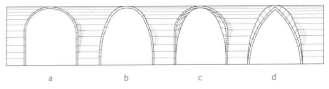
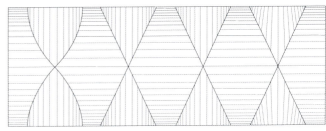

a）垫高小拱（扭曲的贯合线）
b）校准贯合线后的拱顶（侧拱成抛物线）
c）进一步矫正侧拱
d）最终的尖拱形式
图38 从交叉筒拱到尖拱的推敲过程

图39 科隆大教堂正立面　　图40 由尖拱构成的玫瑰窗

一方面，为了表现神的伟大，教堂必须要非常大。这并不是哥特大教堂的独有特征，在西方建筑史里，不同时代、不同民族、不同神系、不同宗教的建筑师和匠人们，都在竭尽全力地要把神庙盖得尽可能大。埃及的金字塔，巴比伦的山月台，希腊的帕提农，罗马的万神庙……莫不如此。对于中世纪的大教堂而言，从《出埃及记》里上帝指导比撒列（Bezazel）建造的犹太人避难所到所罗门的圣殿，再到在中世纪定型的"拉丁十字"，在已经成为经典的狭长的平面形式下，大教堂的"大"就注定要向"高"里来求了。这奠定了罗马风与哥特两种教堂的高耸基调。

另一方面，为了表现神的超凡，教堂不能表现出太强的物质性。哥特大教堂作为对《启示录》（*Book of Revelation*）中的天国（Celestial City）的再现，作为对"末日审判"的"天舍"（Heavenly Mansions）的再现，作为雨果笔下"石头的圣经"，进而在天主教的终极理想成为对上帝的再现，它必须从俗世间的那些大建筑中脱颖而出，它看起来不能受尘世规范和自然法则的约束，它必须要代表上帝展示出非凡的神迹。作为石头大教堂，它却不能表现为厚重的石头构筑——它必须超越石头的物性。对此，路易·格罗德茨基在他的《哥特建筑》里借用了一个表意微妙的术语——"去物质化"（de-materialization）。去物质化的理想曾经是中世纪后期天主教神庙的共同理想，冯·西姆森认为这个理想也导致了与哥特建筑表现相对立的"反功能主义"的精神动机：

罗马风和拜占庭艺术"反功能主义"（antifunctionalism）的精神动机：壁画和马赛克带来的虔诚的神秘体验，提醒我们那不是在这个世界；那天上的幻象是为了让我们遗忘我们自己其实是在石头和灰泥搭建的房子里，从而使我们进入天堂的避难所（sanctuary）。

用图像艺术手段去掩盖石材，确实是最简单易行的去物质化手段。不过，在以本体性表现为核心的哥特建筑里，用于再现场景的壁画和马赛克艺术必将没落，哥特大教堂的建造者需要找到用建筑的本体元素去达成去物质化奇观的方法。

于是，在哥特建筑里，不只是结构元素要担负起表现的任务，

静力学规律本身也成了完成表现的因素。用非结构的装饰元素来表现结构功能，并没有激化静力学与美学之间的对立，相反，把两者统一了起来，这成就了哥特式的奇观：

在这里，静力学并不只是物理真实，而是美学表象，哪怕肋并不真的承重，它们看起来却是承重的；尽管石材是很重的，它们看起来却非常轻。同理，尽管力符合竖直向下的规律，但看起来却是向上的。

让原本厚重的石头建筑看起来失重，这当然就践行了去物质化的神迹。保罗·弗兰克尔还注意到，当结构表现悖逆了力学的基本法则，许多更奇妙的效果也就应运而生了：

用纤细的元素制造承重的假象，不只可以使建筑在表象上获得轻盈的效果，由附柱和肋共同构成的纵向的"视觉结构体系"，还制造了一种如植物般向上生长的假象。

这或许可以从建筑学的角度解释关于哥特大教堂与黑森林之间的遐想：高耸的特征加上向上生长的错觉，营造了如森林般的形式氛围。不过，对建筑神性的不懈追求应该比北方民族的乡愁更能解释这种形式表达，毕竟与哥特建筑同源的罗马风建筑并没有流露出类似黑森林的特质——罗马风建筑成型还更早些，却并没有出现这种"返祖"的迹象。

把厚重的石头表现做得尽可能轻，是浸润在哥特大教堂所有装饰细节里的普遍追求。

在所有的结构体系里，柱头都是最关键的部位。从结构逻辑看，楣梁或拱与柱的交接实质上就是荷载与支承的交接——柱头昭示着建筑承载重力的方式。早期哥特的建筑师把罗马风建筑里原本粗壮的衬垫柱头（cushion capital）改成了纤细的圣杯柱头（chalice capital）（图41）。衬垫柱头向外鼓出来的外形表现出一种因为受挤压而外溢的趋势，这强化了柱头正在承重的观感；而在中部收腰的圣杯形柱头则刚好相反，这种中间收细的形态是材料在受拉、受拔时才会出现的，这种柱头非但不表现重力，还能制造出如弗兰克尔所说的"力向上"的错觉。在某些盛期和晚期哥特建筑里，柱头被极度弱化，甚至被消除了，肋和附柱成了连续、完整的元素，这样就瓦解了屋顶荷载和竖向支撑之间的区分，也进

一步加深了类似树干与树枝的黑森林意向（图42）。

哥特建筑取消了在罗马风建筑中广泛应用的横拱，也实现了类似的效果。横拱从水平方向上划分了屋顶的开间范围，让空间从视觉上明显沿横向展开（图43）；而哥特建筑的反重力表现显然希望空间是向上延伸的。竖直向上的线性表现，通过消解重量而实现了"去物质化"的意图，而各类洞口处的线脚和附柱等元素的密集布置（图44），则是通过消解厚度来逼近同一目标。

可以说，哥特建筑这种极致轻盈的表皮特征就来自这种同时追求体量高大与"去物质化"的矛盾愿望，保罗·弗兰克尔指出：

> 哥特的石匠长久以来都满足于这种矛盾，很长时间以后，它们决定让结构走向其对立面：织物（texture）。

从论述的方式来看，弗兰克尔提出"织物"的概念无疑来自森佩尔的"表皮理论"（cladding theory）——坚硬、完整的支承结构与柔软的编织围护的对立在人类对建筑的普遍认识里早已根深蒂固。要想创造"去物质化"的神迹，只需要把两者对调过来就可以了：

> 自然给我们提供了材料（同时带有限制性），材料则在压力下保持其空间形式，最贴切的例子是绳索，如果要用绳索悬挂物体，那么绳索一定要固定在能自承重的结构上。纺织品，是用线制成的，无论是地毯、窗帘、盖毯还是衣物，没有结构的支撑都会垮掉。"织物"（texture）一词（源自拉丁文"tegere"，意为覆盖），可以用来表达与结构相对立的概念，作为一切覆盖着结构的名词，以及一切被结构所支撑或依附于结构的物体（如抹灰、嵌木、马赛克、墙纸等）。

与森佩尔主张分别独立表现"坚硬支撑"与"柔软织物"相反，织物与结构在哥特式的表现下互换了位置：在真实的结构中，纤细的露明肋和雕琢在粗壮柱墩表层的附柱相当于不自足的"织物"，但因为它们可以实现轻、薄的视觉假象，所以被表现为结构；真正的厚重结构则决不暴露任何显示它们体量的转角或开口，拱顶、柱墩、墙垛都仅以一个面示人——拱肋和束柱与真实结构表面形成了一种类似伞骨与伞膜的关系，支撑与被支撑的关系被成功翻转了。冯·西姆森就形象地把那些被消解了体量感的表面称作"膜"：

柱头的发展：罗马风式圆鼓形柱头和哥特式酒杯形柱头。下边的两个柱头是卷叶形柱头

图41 哥特与罗马风柱头对比　　图42 弱化柱头的哥特建筑

图43 罗马风建筑里的横拱　　图44 哥特教堂内部线脚与附柱

厚重的墙体和柱垛是不可容忍的，如穿过楼座拱廊的开间，楣饰（tympana）和细柱（colonnettes）就会出现在洞口处以制造幻觉——那不是墙，其实只是一层薄薄的膜。同时，真正的承重的体量也被掩藏在其后，或者看起来消融其中了，只是一束纤细的杆。

当密集的附柱将真实结构柱隐藏在身后，就形成了被称作"束柱"的错觉（图45）。更极端的做法在斯特拉斯堡大教堂里：这座罗马风教堂在1125年的哥特化改造中，将内部中心的结构柱在八根附柱之间附加了四串圣像的圆雕（图46），这些人像与伊瑞克提翁神庙的波斯女像柱暗示承重的奴隶身份相反，它们神圣的飞天意向彻底瓦解了真实结构的承重现实。在纽伦堡的圣劳伦斯（St Lorenz）教堂里，柱上除了繁复镂空的雕饰，还饰以一扇门来暗示内部的虚空，并把柱础四周悬挑，以制造架空的幻觉，所有兴师动众的操作都众口一词地否认着建筑的重量（图47）。

对于厚重的墙体，除了最大限度地用尖券窗掏空墙面外，将相同形式的盲券与窗券阵列布置，再加上楼座的浅薄镂空廊……于是，在一座哥特大教堂里很少能看到整堵的厚墙。比如，圣乌尔班大教堂（Saint-Urbain）歌坛与翼部之间的墙段上就并列着一对有着相同形状和雕饰的尖券，一个是开洞，另一个则是盲券（图48）——券的功能一方面与圣劳伦斯教堂在柱上开门一样，暗示着虚空；另一方面，券本身所呈现的完整结构也如附柱一样将墙体的表皮装裱成了"膜"。这种盲券的做法在更容易暴露体量的外立面上应用得更加广泛——密布的尖券壁龛几乎把大教堂原本浑厚的体量变得镂空了（图49），在"去物质化"的同时，还通过纯净单元的反复重现制造了晶体般的规则表现。

在大教堂里，最容易暴露厚度的其实是各种洞口。在洞口的边缘处，枭混的线脚制出了层叠的褶皱效果，这巧妙地消除了厚度感（图50）。在这方面最著名的例子，就是多数哥特教堂标志性的西立面入口门洞，逐层缩小的券洞，很难单纯被解释成是为了制造进深上的透视错觉——这种加剧洞口进深的说法与"去物质化"的理想是严重相悖的。仔细观察斯特拉斯堡大教堂随券洞层层叠入的柱列不难发现，那其实就是被放大了的线脚（图51）；而在兰斯大教堂和巴黎圣母院的入口处，那线脚只不过是被巧妙地替换成了圣像而已（图52），跟斯特拉斯堡大教堂里的圣象柱异曲同工。

不出意外，所有应用于内部的手法也都会翻到外立面上去，只是在外立面上增加了对外部独有的尖塔的重现（图53）。尖塔

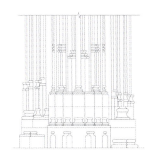

图45 附柱形成"束柱"的图解

图46 斯特拉斯堡大教堂的"圣像柱"

图47 圣劳伦斯教堂的"空间柱"

图48 圣乌尔班大教堂里的盲券

67

图 49 教堂外立面壁龛

图 50 斯特拉斯堡大教堂门洞

图 51 洞口部位的线脚

图 52 兰斯大教堂西立面

图 53 米兰大教堂尖塔

作为给拱顶和飞扶壁施加的结构配重，却以修长尖耸的形象出现，它们林立于每一座哥特大教堂的天际线，也成为唤醒关于黑森林记忆的关键元素。米兰大教堂顶上那些过于纤弱的尖塔似乎已经不足以提供配重了，塔顶飞升的天使与斯特拉斯堡柱间的圣象以及巴黎圣母院的入口圣象也都别无二致。

巴洛克檐口

在可描述的传承里，巴洛克建筑有两项重要特征都来自圣彼得大教堂：第一，把"空间"形态本身作为悬而未决的中心命题在设计中加以讨论；第二，对城市面貌与建筑单体的权衡。前者对巴洛克建筑装饰原则的确立尤为重要。

圣彼得大教堂从 1505 年伯拉孟特的方案在竞图中胜出开始，设计和建造过程经历了一百余年起伏跌宕的、伴随着堪称腥风血雨的深刻讨论。大教堂的平面布局，从伯拉孟特经由拉斐尔和米开朗琪罗，到卡洛·马德诺的演变，一直反复纠结于"希腊十字"与"拉丁十字"两种布局（图 54）在空间体验上的取舍。

"希腊十字"来自拜占庭人（在中世纪被称作"希腊人"）的集中平面，它不仅在内部提供了巨大的纪念性空间，还为外部提供了独立的控制性体量；更重要的是，集中平面非常适合表现自布鲁乃列基以来文艺复兴建筑师所钟爱的巨大穹隆。"拉丁十字"的空间沿着纵深方向延伸，这样的布局更符合西罗马天主教会对宗教仪式的要求；从空间表现的角度上来看，巴西利卡的纵长空间能有效地强化出单点透视的纵深感——并提供灭点暗示，但在以无限远处的灭点为核心的空间里，穹隆在眼前所限定的大空间的纪念性感受会被严重地消解掉。

巴洛克建筑的平面模式，就来自对集中空间与纵深空间的权衡，权衡的结果是一种被称作"中心化纵向平面"的空间模式（图 55）。

早期的平面形式就如卡洛·马德诺（Carlo Maderno）对圣彼得大教堂的最终定案稿：保留集中平面以及巨大穹隆控制下的核心空间，但用一个巴西利卡式的前廊来延长"希腊十字"中通向主入口的一臂。比较经典的实例如贾科莫·德拉·波尔塔的安德烈·德拉瓦莱教堂和弗朗索瓦·芒萨尔的瓦尔·德·格拉斯教堂（图 56）。不过，这样的平面布局必然导致过长的前廊在正立面上遮挡穹顶，于是只好在穹顶下用极高的鼓座垫高（图 57）——这成了这类教堂的通行做法。加上鼓座之后，建筑从外观上看起来显得过于高耸，丧失了大穹隆建筑该有的浑厚的体量感，但为了让观者从人视点能勉强看到重要的穹顶，似乎也别无他法。

　　其实，当初的圣彼得大教堂也遇到了相同的问题。这是为什么米开朗琪罗在接手工程的时候坚决地拆除了拉斐尔已经建好的巴西利卡前廊。尽管教会在米开朗琪罗离世后又复建了前廊，不过米开朗琪罗完成的直径 42 米的大穹隆真的实现了伯拉孟特"把万神庙架在和平庙"上的设想——那穹顶太大、太具统治力了，以及米开朗琪罗大师极具前瞻性地在穹顶下垫了一层鼓座作为"保险"，这才让圣彼得大教堂不至于陷入由"嫁接"两种平面引发的骑墙的尴尬（图 58）。

　　显然，简单粗暴地拉长集中平面的前廊不能算理想的答案。因此"中心化纵向平面"的要求催生了另一种椭圆形的变体——既不失"希腊十字"的集中性，又在轴向加以适当的拉长。这成了巴洛克建筑平面最经典的基本型，最典型的嘉例是伯尔尼尼的圣安德烈·阿尔·奎里内尔教堂。

　　以上就是巴洛克建筑两种不同方向的平面类型。卡洛·拉伊纳尔迪在设计坎皮泰利的圣玛丽亚教堂的过程里，就分别针对两种平面型做了比选方案（图 50）。而瓜里尼设计的圣玛丽亚神意教堂则是两者的结合——用椭圆形的空间单元构建了有大大空间的"拉丁十字"（图 60）。据克里斯蒂安·诺伯格-舒尔茨考据，文艺复兴以来的第一座椭圆形教堂出自维尼奥拉之手，而在保罗·波托盖西（Paolo Portoghesi）所撰的《巴洛克在岁马的诞生》（*Birth of the Baroque in Rome*）里，维尼奥拉也被算作巴洛克的代表人物之一。

　　"中心化纵向平面"的说法是克里斯蒂安·诺伯格-舒尔茨在《巴洛克建筑》里提出来的。这种椭圆平面原本是一种对集中平面的折中化扭曲，但在加剧了集中平面的空间纵深之余，椭圆形本身带来的新颖形式，使巴洛克的建筑师们逐渐认识到平面变化

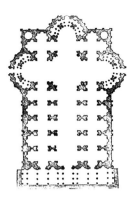

图 54 圣彼得大教堂两种平面布局并置

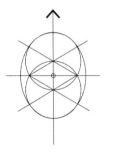
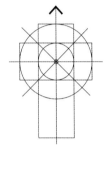

图 55 "中心化纵向平面"图式

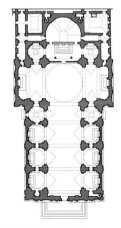

图 56 德拉瓦莱教堂平面图

给空间表现带来的戏剧化效果。由此，五花八门的平面形态开始层出不穷，从博洛米尼在四喷泉圣卡利诺教堂中通过在两端衔接半圆形拱来对椭圆形平面的有理化处理（建筑的穹顶仍是标准的椭圆形）（图61），到瓜里尼在圣菲利波·内里教堂中通过圆形网格求出的古怪后殿（图62）……巴洛克教堂的平面形式渐渐淡忘了企图在集中空间与纵深空间之间求得两全的初衷，开始越来越痴迷于扭曲本身。

上述那些经过复杂几何形变换的空间，尽管它们的平面生成也经过了某些几何推衍，但从空间体验上，那些复杂的几何特质却很难被体验者直观地感知到。于是有了巴洛克建筑师们的新课题：如何让复杂的空间形式变得一目了然。问题的症结在视觉上，装饰也就责无旁贷了。

能勾勒出空间的平面形式的一般是两条线：一条是围墙与地面交接处的踢脚线，另一条是围墙与屋顶交界处的内檐口线。因为人通常站在地面上，因此，在昂首仰望檐口线的时候更容易远观概览其全貌。舒尔茨总结得好："单一空间受到檐口的限定。"

在贝尔尼尼设计的圣安德烈·阿尔·奎里内尔教堂内部，大出挑的室内连续檐口形成了强烈的水平向轮廓，清晰地勾勒出了椭圆形的空间形态（图63）。这种便捷有效的表现策略很快得到普及。在波罗米尼设计的四喷泉圣卡利诺教堂里，那圈线脚丰富的内檐口把整个室内空间分成泾渭分明的上下两层，不仅明快地勾勒出空间形态，还成功地把整个屋顶部分独立出来表现，椭圆形的穹顶与在四边支承它的半圆形侧拱填充了不同的天花纹样——这个复合穹顶的构成方式在真实空间里看起来比在平面图上更加清晰明了（图64）。更极致的例子当属萨皮恩扎的圣伊沃教堂（图65），除了繁复的线脚，檐口部分还出现了再现椽头的飞檐托饰，在尖穹隆的结构里，这种构造可以说与真实结构毫无瓜葛，但密集的椽头进一步强化了檐口的水平轮廓，使原本复杂的空间形态在醒目的檐口线的刻画下尽收眼底。

在不断的对比中，装饰的意义可以清晰地显现，在那些意图清晰的范例里，檐口装饰尽管为了强化线条而略显繁复，却丝毫没有滥用的迹象。比如四喷泉圣卡利诺教堂的内檐口，檐口的线

图 57 鼓座垫高穹顶（因瓦尔德斯大教堂）　图 58 圣彼得大教堂立面

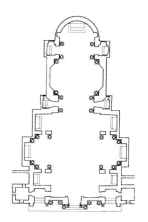
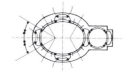

图 59 拉伊纳尔迪的两版方案

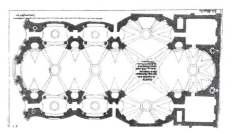

图 60 瓜里尼的圣玛丽亚神意教堂平面

性轮廓、穹顶的分部填充都出于表现的必须，而下部竖向的柱身却是朴素干净，最大限度地降低了纵向元素对水平装饰造成的干扰。在弗朗西斯科·马里亚·里基诺的圣朱塞佩伊教堂室内，竖向的柱身也是"留白"的，除了柱顶标高一带带有丰富线脚的连续挑檐之外，柱底与柱础之间也出现了一条由连续线脚勾勒的"檐口"，算是把空间形态又重新"描"了一遍（图66）。

　　需要特别分析的是波罗米尼的圣伊沃教堂。这里一反常态地在壁柱上施加了密集的纵向凹槽。这种做法来自教堂空间特质上的特殊性：圣伊沃教堂尽管平面轮廓构成复杂，但它是一个规模不大的聚合空间，在内檐口线成功地刻画了空间轮廓之外，居中仰望时聚焦于拱心的一点透视效果也极具表现潜力——壁柱上强烈的纵向槽饰极精准地完成了提示透视线的任务。

　　巴洛克建筑的内檐口作为对空间形态的"完型描边"，成为巴洛克建筑装饰最睿智和巧妙的手法。而巴洛克建筑中饱受诟病的大量雕塑和繁复的纹样，因它们本身并不呈现建筑意义，我更倾向于称它们是"建筑中的装饰"而非"建筑装饰"，在这里暂不多谈。

射影几何与元素扭曲

　　古希腊传统下的建筑法则是基于欧几里得几何学的，而欧几里得几何学是基于触觉感知建立起来的——诸如"两条平行直线永不相交"的公理仅在触觉上成立；基于视觉规律的透视原则告诉我们，平行直线必将交汇于灭点。

　　然而，人对建筑的感知更多是诉诸视觉的。即便是古希腊建筑传统，在绝大多数情境下也都在讨论建筑"看起来"而非"摸起来"的情形。步移景异的视觉扭曲几乎无处不在，这给古典美学带来了非常大的困扰。相比起来，听觉都更稳定些，这造就了古典比例法则中基于弦长和音程切分的"谐和"体系（图67）；但视觉的感知特征对古典美学而言始终是个麻烦，是不得不纠正的错误。

　　维特鲁威的《建筑十书》里，在关于神庙室内的论述里就提到了校正视觉误差的方法（图68）。但更详细的分析则是在对私

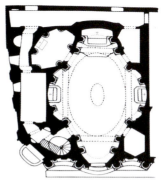
图 61 四喷泉圣卡利诺教堂平面图

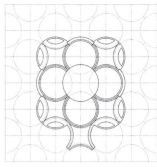
图 62 圣菲利波·内里教堂后殿平面

图 63 奎里内尔教堂天顶

图 64 四喷泉圣卡利诺教堂天顶

图 65 圣伊沃教堂天顶

图 66 圣朱塞佩教堂室内

宅建筑的论述里展开的：

　　……显然，视觉并不总是产生真实的影像，事实上，思维常常被视觉的调整所左右……因此，如果真实的物体产生错误的影像，那么很多物体就会通过眼睛被理解成其他东西，我认为有必要根据场地的特征和需要对比例进行增减，但这样做的效果必须做到让作品看起来没有任何缺憾。

　　这种对视觉的不信任来自古希腊传统，但究竟是让建筑"正确"还是"看起来正确"却是个两难的抉择。维特鲁威意识到了问题的存在，也找到了解决的方向，但是，古典建筑的价值观决定了它的法则不可能在太大程度上迁就视觉。更何况，在科学透视法发展起来之前，也没有足够系统的理论来指导校正视觉扭曲的操作方法。维特鲁威演示的校正，只是一种定性的大致调节，还做不到精确定量。

　　到文艺复兴时期，阿尔伯蒂把经伯鲁乃列斯基完善的科学透视法写进了《论绘画》，视觉现象终于可以被精确定量了。但是，这个时期的透视法仅被应用于在绘画里制造空间幻觉，但在建筑里控制视觉效果的例子却凤毛麟角。

　　不能不提的是米开朗琪罗著名的劳伦齐亚纳图书馆的"楼梯厅"。在整个设计推衍的过程里，米开朗琪罗差不多一步到位地奠定了视效控制的基本手法。有一张草图反映了设计生成过程中的三个版本的方案（图69）。

　　中间的梯段原本并不在米开朗琪罗的计划之内——他原本打算让人从分居两侧的对称梯段上楼，在中段保留一段竖直的立面。接着，在下一步推衍里，他把两侧的楼梯向外对称地扭了个明显的角度，让两部梯成喇叭口形向人敞开，这样做加剧了近大远小的透视效果，让空间的纵深显得更深远，相当于放大了大厅空间在感官上的体验尺度。这样的操作其实不必经过精确的透视法度量，意思到了就能干预视觉效果。第三个方案奠定了最终的设计，米开朗琪罗放弃了喇叭口形布置的双侧梯的做法，同时也放弃了中段的立面——他居间"供奉"了一部隆重的梯段，与两侧梯形成了三段式的布局。这部楼梯可以看成由上下两段构成：前10步踏步构成的下段梯段是由中间主梯与两侧梯构成的三段式"立面"；

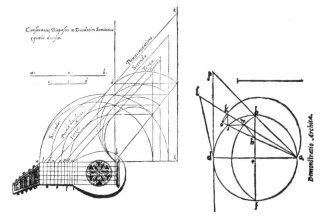

图 67 弦长比例图

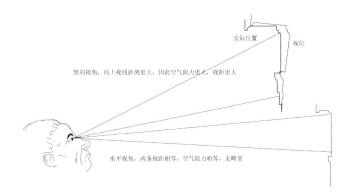

图 68 古希腊的视觉校正

最后6步踏步构成的上段梯段仅延续了中间主梯通向二层居中的入口——入口不大，仅与衔接的梯段等宽，很朴素，这让整部楼梯在入口门洞的反衬下显得更加隆重华美。除了上段梯段与二层入口的交接路径之外，米开朗琪罗让楼梯各面都与大厅的四面围护脱开——那段脱开的距离没有任何功能意义，但却成功地把这整部楼梯独立出来，如展品般陈列在大厅中央，这让空间明显有别于一个大号的"楼梯间"，可以作为一个别致的"楼梯厅"而存在。这样的空间形态在罗马台地园林中常见——居中的梯段很可能来自高差衔接处的连续跌水，在庭园里两侧梯才是上人用的；相应地，地面用深红色陶砖成席文铺砌，强化了它作为"大地"而非"空间中的一个面"的意向，大厅内立面也装饰得如建筑外立面一般，构造了一个类庭院空间，也构造了一种室内空间无法成就的别样的"大"。劳伦齐亚纳图书馆遂以此成名（图70）。

　　居中楼梯第三步及最顶端踏步的踏面是椭圆形的，这很重要。在草图里，米开朗琪罗并没有仔细推敲踏步的跌落布置，只是勾了一个肯定的椭圆形……诸如伯尔尼尼的奎里内尔教堂，空间是椭圆形，而入口踏步却是半圆形的——这或许才是伯尔尼尼真正想表达的几何形。柏拉图几何学奠定了圆形至高无上的地位后，文艺复兴的建筑元素援引圆形就不需要特别的理由了，做成椭圆形才需要理由——在米开朗琪罗这座方方正正的大厅里，踏步却是椭圆形。在空间领域，这几乎划定了所谓"文艺复兴"与"巴洛克"之间的分野。接下来，在简述射影几何之后，椭圆形与圆形之间的关联就会明白起来。

　　在几何学史上，17世纪，法国人吉拉德·德扎格（Girard Desargues）创始了射影几何。这一划时代的研究被他同代的数学家——拉伊尔（Philippe de la Hire）和帕斯卡（Blaise Pascal）发展成了一门堪与欧几里得几何学分庭抗礼的独立几何学体系。有趣的是，德扎格是个建筑师，他本人坦率地承认他的几何成就来自他的专业需要：

　　我绝不对物理或几何的学习或研究抱有兴趣，除非能通过它们获得有助于目前需要的某种知识……能增加生活的幸福与便利，能有助于健康和施展某种技艺……我看到好大一部分艺术根植于几何，其他还有如建筑上切割石块，制作日晷，特别是透视法。

　　数学史家克莱因则认为：在射影几何之前的时代，艺术家们一直在无偿地利用数学原则；而射影几何则算是艺术家偿还了拖欠数学的债务。

　　射影几何的基本原理肇源自透视法，研究的对象是物体的投影方式——同一物体有可能得到不同的投影（截面）；以及，不同的物体有可能得到相同的投影（截面）（图71）。投影原理可

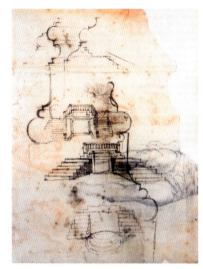

图 69 劳伦齐亚纳图书馆的"楼梯厅"草图

图 70 "楼梯厅"室内

以视同视觉规律，射影几何因而可以直接对视觉负责。这有助于治愈古典美学里因欧几里得几何原则与视觉扭曲的矛盾留下的顽疾，并恰好与巴洛克建筑师针对视觉效果的需求相匹配。

　　伯尔尼尼为圣彼得大教堂前庭设计的奥布里库阿广场和雷塔广场，就应用了视觉投影最基础的原理。

连接主广场与大教堂的雷塔广场是一个梯形的小广场。梯形的短边在远离教堂的一侧，当观者站在大广场中央隔雷塔广场观察大教堂时，梯形的上、下底边经由近大远小的透视校正，有机会在视觉上获得矩形的投影——这就是维特鲁威曾设想的对视觉"错误"的校正。在射影几何里，梯形的物体能产生各种不同的投影，其中一种刚好是矩形（图72）。

作为主广场的奥布里库阿广场被设计成椭圆形。由于场地足够宽敞，余地不菲，因此做成椭圆形而非圆形就需要理由。其实，即便是圆形广场，也只有在圆心位置的正上方以正投影方向俯瞰时才能得到正圆形的视觉投影；而当人站在广场上时，即便在圆心位置，基于身高视点的视觉投影都会被透视扭曲成一个横向的椭圆形。在这里，伯尔尼尼并没有用一个纵向的椭圆形来校准视觉投影，反而把椭圆形横向放置来加剧透视变形。基于射影几何里不同物体可以获得相同投影的原理，圆形广场与椭圆形广场都可以获得这样的椭圆形投影。在偌大的广场中央，观者其实很难准确判断广场究竟是圆形还是椭圆形，而当他误以为广场是圆形时，要得到这种加剧拉长（或者说压扁）的视觉投影，那么感官视点就得比真实视点更低一些才行……视点更低就意味着观者的高度更小——当人对自己的相对尺度判断更小的同时，对广场以及周边地物的判断就会更大一些。这样利用错觉的机巧，有机会在视觉里放大对象的体验尺度（图73）。

相同的原理刚好也解释了米开朗琪罗为什么在劳伦齐亚纳图书馆那部著名的楼梯上放置椭圆形踏面。米开朗琪罗放弃了倾斜侧梯来加剧透视的方案，却并没有放弃放大楼梯厅空间感受的目标——当观者认为那个椭圆形的投影来自圆形而非椭圆形时，踏步是不是也会像奥布里库阿广场那样在视错觉里被放大呢？这种制造视错觉的手法应用在小尺度构件上的效果应该远不及应用于大尺度的场地。不过，米开朗琪罗的意图昭然：第三步和顶端两个踏面的椭圆形清晰干净，丝毫不事装饰，踏面与其上一步踢板的衔接部本来破坏了椭圆形表现，米开朗琪罗刻意用浅色面层把多余的衔接部跟踏面的椭圆形区分开来——这种浅色材质没有在其他任何位置出现，它们略显突兀，仅为强调那两个椭圆形而

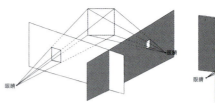
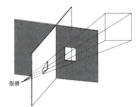

图 71 射影几何原理

图 72 雷塔广场，来源：flickr 用户 George M. Groutas

图 73 奥布里库阿广场

存在，昭示着大师的苦心；相比起来，楼梯中段普通踏步做成爱奥尼式涡旋的形式，或许只是因着椭圆曲面顺势而为，顺便强调一下园林跌水的水流意向而已……保罗·波托盖西在《巴洛克在罗马的诞生》里把巴洛克传统称作"米开朗琪罗的遗产"，此言不虚。

如果把米开朗琪罗的椭圆形踏步看作是伯尔尼尼的奥布里库阿广场的先河，那么，我们就有必要重新审视一下伯尔尼尼的奎里内尔教堂——那个著名的椭圆形空间。一个如此明显却又常被忽略的事实：奎里内尔教堂的椭圆形是横向的，它并没有如前文提到的拉伊纳尔迪的椭圆形平面那样在纵深方向上拉长教堂空间；相反，伯尔尼尼的横向椭圆形平面在比例上缩短了教堂的纵深——那根本就不是"中心化纵向平面"的产物，那显然是来自米开朗琪罗的遗产。毋须多言，与奥布里库阿广场一样，横向展开的椭圆形平面有助于创造更大一些的空间错觉；而入口处半圆形的踏步，则在观者进入椭圆形空间之前提供了一种关于圆形平面的暗示——那里面也藏着伯尔尼尼的苦心。

校正透视扭曲还是加剧透视扭曲？对于相同的手法，这确实是个问题。这也反映了古典美学和巴洛克美学的不同倾向。这么看来，伯尔尼尼在雷塔广场里的做法显然充满着古典主义情怀；而米开朗琪罗在劳伦齐亚纳图书馆楼梯厅草图里那个喇叭口布置的废弃方案，则是在利用两部侧梯构造出来的梯形斜边来加剧透视，开了巴洛克手法的另一条先河。

直接在楼梯上的行走更容易控制视线，也就更容易控制透视效果——楼梯上的步行顺理成章地锁定了人的路径和视线方向。瑞典建筑师尼可迪姆斯·泰辛（Nicodemus Tessin）曾在意大利师从巴洛克大师——伯尔尼尼和卡洛·丰塔纳，他设计的斯德哥尔摩皇家歌剧院的楼梯间就利用不断收窄的空间制造了戏剧性的透视加剧的效果（图74）。

更著名的案例是罗马的西班牙大台阶。这座跨越通往圣三一大教堂的陡坡的台阶实质上是一个阶梯式的广场。它之所以被奉为巴洛克式经典，并不单因为花瓶形的平面（图75）；实质上，它位于"瓶底"和"瓶颈"两个位置的台阶引导着大教堂的中轴路径，这两段长阶梯都借着花瓶形式而朝着指向大教堂的方向不断收窄，这加剧了近大远小的透视扭曲，从而让路径在视觉上的感受比实际上更遥远——在被拉远的视错觉下，教堂遥望起来当然就显得更加高大雄浑（图76）。此外，"瓶底"踏步正对着的那段平台上坐落着彼得·伯尔尼尼（Pietro Bernini）与济安·劳伦

图 74 斯德哥尔摩皇家剧院楼梯间平面图

图 75 西班牙大台阶平面图

图 76 西班牙大台阶加剧透视效果

佐·伯尔尼尼（Gian Lorenzo Bernin）父子联手创作的"破船喷泉"（Fontana della Barcaccia），也借着伯尔尼尼的手法实现了面向大师的致敬。

这种利用透视扭曲的手法在 17、18 世纪非常普及。在德国伍兹堡（Würzburg）的美茵法兰克博物馆（Mainfränkisches

Museum）的馆藏里，有一把巴洛克建筑大师巴尔撒泽·纽曼（Balthasar Neumann）的尺子，尺子的刻度并不是均分的，而是依据射影几何原则逐渐放大的——这意味着巴洛克建筑师可以更精确地度量视觉扭曲（图77）。

西班牙建筑师胡安·卡拉谬尔·德·洛布科维兹（Juan Caramuel de Lobkowitz）在他的著作《垂直与倾斜的民用建筑》中发表了一幅椭圆形神庙的平面图，值得关注的是沿椭圆形平面布置的一圈柱子：除了椭圆短轴两端的柱子是圆形截面之外，其他所有柱子的截面都随着视线角度的变化而扭曲成不同的椭圆形。洛布科维兹还在书里提出了对奥布里库阿广场两侧柱廊的修改设计：不同距离的柱截面也基于透视扭曲进行了校准（图78）……其实，这样的所谓"校正"已经背离了它调节视觉体验的初衷，既不能抵抗视觉扭曲也无助于加剧视觉扭曲——看似精确的生成法则最终仅仅制造了一些扭曲的形，然而既然它无从干预视觉体验，其精确性也就无从体现了。更重要的是，基于射影几何法则对视觉投影的推敲，要以确定视点为前提。比如奥布里库阿广场中心位置的方尖碑就是用来标记"正确视点"的。不同视点导致的视效差别对大尺度的广场、建筑影响不明显，但对于小尺度的建筑元素而言则不可忽视。

跟古希腊时代或文艺复兴时代的欧几里得几何原理一样，巴洛克时期的射影几何原理也是少数精英建筑师掌握的秘密，真正被广泛普及的是扭曲的手法——多数建筑师并不关心伯尔尼尼和博洛米尼们建筑上的曲线是怎么来的。当关于扭曲的技术动作丧失了由视觉投影原理提供的理性标准，当平庸的巴洛克建筑师们兴高采烈地加入扭曲形体的狂欢时，巴洛克建筑在后世背负的嘲讽与责难也就成了宿命。

升维与降维

射影几何的另一项贡献是对曲面投影的研究：既往的几何原则（包括透视法）都是把物体投影在平面上研究，但是文艺复兴时期因为航海需要，开发出了各种把地球表面与地图表面相互转换

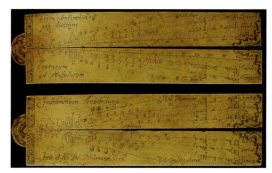

图 77 巴尔撒泽·纽曼的尺子

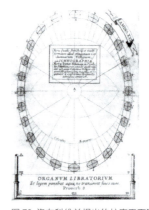
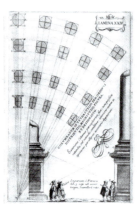

图 78 洛布科维兹提出的柱廊平面图

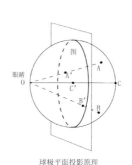

球极平面投影原理

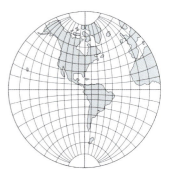

西半球球极平面投影地图

图 79 地图投影

的方法，促使数学家研究曲面与平面的相互投影关系（图79）。这项科学进步的"副产品"是帮助艺术家在复杂、扭曲的建筑表面上准确绘制图像。巴洛克的精英们很快发现：用绘画直接再现空间或许比通过建筑元素的扭曲来干预空间更加简单有效。注意，当建筑仅仅为绘画提供一个着色的界面时，一般的壁画或天顶画是不能被笼统地称作"建筑装饰"的；只有当绘画中的空间与建筑空间发生互动、交融的时候，建筑上的绘画才能被定义成"建筑装饰"。

绘画最大的优势就是可以锚固视点，作为二维图案对三维空间的再现，无论观者在什么角度，绘画中的空间都不会变换视角。这给建筑师在建筑内部干预空间感受提供了非常大的便利。

由于大量的巴洛克教堂采取了拉丁十字加穹隆的"中心化纵向平面"布置，前廊总会遮挡后面的穹隆，建筑师通常用高高的鼓座将穹隆垫高，这虽然解决了外部体量上的矛盾，但在内部空间里，竖直的鼓座和过于尖耸的穹隆内表面并不适合绘画——绘画需要相对平缓的界面。于是，在这样的建筑中，出现了双层表皮的做法——外层表皮与结构对应，负责外观体量表现；内层表皮类似吊顶做法，负责内部空间表现，如圣彼得堡的斯穆尔尼教堂（Monastery of Smol'ny）（图80）。双层表皮的策略让建筑外部体量与内部空间的运筹可以各自为政，这使得很多17、18世纪的建筑从外观上看是古典主义的，但室内空间却是巴洛克的。

图80 双层表皮的教堂模型

如果要把建筑壁画及天顶画里的虚拟空间与真实建筑空间交融起来，就必须设法柔和地交代绘画的边界。如果一味将天花吊成平顶，虽然对绘画本身最有利，但天花板与竖向的墙体之间笔挺的直角却很容易把真假空间泾渭分明地区分出来。因此，巴洛克建筑师非常青睐矢高不大的拱顶——平缓的拱面适宜绘画；拱脚处则以弧面不动声色地完成转角过渡，收束在柱顶线脚或巴洛克式的突出檐口处。比如巴尔撒泽·纽曼的维森海里根避难所（Vierzehnheiligen）的天花（图81），它像个帐篷轻盈地架在柱顶，与相同标高上的高侧窗完全脱开，秋毫无犯。许多巴洛克式的空间给人感觉"找不到棱角"，并不全是在玩弄奇异形式，它的建筑学价值需要参考二维与三维空间的综合效果才能公允地评估。

有一幅呈现伯尔尼尼室内空间的油画效果图很有趣（图82）。

图81 维森海里根避难所

图82 伯尔尼尼建筑空间的油画效果图

空间下部是常规空间效果的再现，壁柱、柱顶浮雕，以及居中的带有典型巴洛克式断裂山花的神龛都中规中矩。空间上部的穹隆部位则非常奇幻：壁龛和高侧窗还是建筑化的，但经过环绕的云彩的过渡，另一侧就进入了天使云集的天国景象……因为是在绘画的二维空间里演示三维效果，因此，这幅图里很难通过空间维度来区分哪些空间是真实的、哪些空间是虚拟的，仅能通过常理来忖度——不过，这显然正中巴洛克大师下怀。

相比起墙上的壁画来，天花上的天顶画离观者更远——离远一些，二维画面上制造的三维幻觉就更逼真一些。因此，大量的巴洛克天顶画都像伯尔尼尼那样表达云天主题，仿佛内檐口上承托的就是天国。这时候，处理绘画与建筑的交接部就成了问题，如何避免建筑实体"揭穿"绘画缔造的空间幻觉是问题的关键。在那幅伯尔尼尼的效果图里，作为过渡的云彩究竟是三维实体还是二维画面？在效果图里很难分辨。不过，维斯教堂（Wieskirche）为我们提供了现实参考：在这里，作为过渡的是从拱顶线脚延伸出来的一圈如云雾般缥缈扭曲的女儿墙；其中，真实的高侧窗属于建筑实体，浅浮雕纹样与线脚同属于贴附在实体内表皮的装饰元素，这两者天衣无缝地咬合在一起，构成了统一的女儿墙；女儿墙同时也扮演着天顶画画框的角色，但由于它形态扭曲，因此并不让画面上的二维空间在相形之下显得失真；最妙的是画面居中绘制了一个浅龛，高度和形式与它两侧真实的高侧窗整齐呼应，因而巧妙地融入了原本是三维的女儿墙系统——二维画面与三维实体就这样差互地相互纠结、相互掩映，并最终水乳交融。其实，建筑实体的扭曲从柱顶线脚以上就开始了：原本是半圆形的几何拱顶被装饰纹样中的涡旋打破，已经略略有了云相，拒绝为观者提供透视参照，为天花处真伪难辨的操作早早埋下伏笔（图83）。像这样的扭曲手法并没有精确的操作标准——它只需要成功打破原本三维空间的精确性就好了。这里暗藏着意图明确的建筑学目标，因此是不折不扣的建筑装饰。维斯教堂在柱顶以下的部分就绝少出现扭曲了，墙、柱干净笔挺，金色的装饰物也仅如挂饰般贴附在建筑"底板"之上，两者毫不交融——竟隐隐现出些后来维也纳分离派的征兆来……

图83 维斯教堂　　　　　　　　图84 伍兹堡的主教住宅

当然，在上乘的巴洛克名作里，扭曲只是手段而绝不是目的。巴尔撒泽·纽曼在伍兹堡的主教住宅的楼梯厅里把二维与三维的真假偷换演绎到了极致，却丝毫不借助扭曲操作（图84）。前文讨论过楼梯对于观者位置、方向和视线控制的优势，因此楼梯厅可谓得天独厚，纽曼可以把观者的主视点锁定在空间内唯一可驻足站立的楼梯休息平台，视线方向自然而然地朝向楼梯厅另一端的檐口处。锁定了透视关系，也就不必担心因视角大幅度变换而导致的画面空间失真问题——纽曼在经典的出挑内檐口上设置了一圈整齐、不加扭曲的女儿墙。不过，女儿墙外并不是天空或天国画面，而是偏仰视的城市景象——仰视的画面视角刚好匹配观者仰视天顶画的真实视角，而整齐的城市景象则与整齐的女儿墙呼应，成功地完成了从内檐口到女儿墙再到画面空间的降维过渡。妙手在女儿墙上：中段女儿墙是二维画面，但画出来的质地与真实建筑的白色内立面别无二致，而彩色的画中人物又居然"跨"过女儿墙来到前景；在房间的转角部位是真实浅浮雕塑造的突出的女儿墙，贝壳状凹龛与两侧坐在女儿墙上的白色浮雕人物成功地交代了天顶在转折处的关系，雕塑人物不动声色地遮挡了三维女儿墙与二维女儿墙的衔接部——这让中间画出来的女儿墙段更加难辨真假，也让跨到前景的彩色画中人更显神奇。

类似的戏剧性手法在巴尔撒泽·纽曼手里层出不穷，他位于伍兹堡的"皇帝大厅"的设计里，在一瓣穹隆高侧拱面上用三维装饰构造了舞台台口和拉开的帷幔，画面的内容就这样顺理成章地成了舞台剧的剧照了（图85）……类似的做法是巴洛克建筑装饰的主流。

一个极端的例子是鬼才科尔托纳为巴比伦府邸绘制的天顶画（图86）。这里其实并没有很多三维与二维元素之间的交互，更接近一般意义上的"画"。但科尔托纳在画面里密集的人物群像中绘制了许多雕塑和建筑元素，与彩色的"画中人"纠结在一起——把一幅"全伪"的二维图景画成了"真伪难辨"的巴洛克式空间。尽管这里几乎没有对真实建筑元素的布置，但是，画面的内容却明确地构造出了典型的巴洛克式的空间意向，它震撼人心的表现机制是建立在经典的巴洛克建筑学原理之上的。因此，这幅绘画作品也成了巴洛克的建筑范例。

纽曼的生涯代表了多数巴洛克式空间表现的方向——力图通过建筑装饰为二维的虚拟空间"升维"，让它参与到建筑空间的构建中去。而瓜里诺·瓜里尼（Guarino Guarini）则反其道而行之，他通过建筑装饰手段，把原本是三维的建筑结构元素"降维"成二维图案，制造了另一种空间幻觉。

比如，在都灵的圣劳伦佐教堂里，瓜里尼用三个大小不一的穹隆制造了三种迥然不同的视觉奇观。

其中最小的一个在圣坛上方，瓜里尼构造了典型的天国意向：穹隆中央的开口处用天使拨开云层的戏剧性形象装饰采光口，这样经由上面采光亭采集的阳光刚好透过云层洒下来，如圣光普照，在二维的穹隆曲面上实现了三维表达——这是与伯尔尼尼、纽曼们异曲同工的经典手法。

毗邻圣坛的后殿上方的穹隆比圣坛的略大，顶上没有采光井，靠高侧窗采光（图87）。支承穹隆的六条半圆形拱，并不像通常的穹顶结构一样在拱心石的位置交汇于一点，而是每个拱仅跨三

图85 伍兹堡的"皇帝大厅"

图86 科尔托纳的天顶画

图87 圣劳伦佐教堂后殿穹顶

分之一圆周，六条拱交错布置，在平面上构成六角星形。于是，露明的拱肋把穹隆内表面划分成了 13 个不同形状的格子，每个格子内都有天顶彩绘。这里的彩绘内容并不与建筑真实空间互动，不寻常之处在瓜里尼对划分格子的拱肋的设计上。首先，不交于一点的拱肋布置不仅巧妙划分了天顶，也瓦解了透视参照，削弱了对穹隆深度的感受。这里的露明拱肋并不像哥特肋那样轻盈纤细，而是做成明晰、笔挺的矩形截面的方正体量，这样的体量很容易对分格里的天顶画造成干扰，值得关注的是瓜里尼接下来用色彩来瓦解拱肋体量感的手法：拱肋的侧面被粉刷成明亮的金色，而底面被粉刷成昏暗的灰色，在这种强烈的反差下，完整的"三维体"被拆解成了侧面与底面离散的"二维面"。金色的侧面相互联结，闭合成分格画面的边框；而灰色的底面也相互融合，瓜里尼给它们统一一勾了一圈白边，让它独立呈现为完整的六角星图案。从视觉体验上，结构不再以六条肋的观感呈现，眼前的是层叠交错的二维图案的拼合。这种从三维到二维的"降维"操作，

图 88 里特维尔德的"红蓝椅"

在巴洛克建筑装饰手法里可谓独树一帜，但似乎又与"升维"的效果异曲同工。

后来，"风格派"大师——里特维尔德在他的红蓝椅上重现了这种手法（图 88）：出于"风格派"的二维主张，红色的靠背板和蓝色的坐板都极薄，但黑色的结构框架需要承重，不能无限制地做细，于是，里特维尔德把框架端头着成明亮的黄色，瓦解了方正的框架体量，整把椅子就都呈现为一系列"面"的组织。

中厅的主穹隆则又有不同，它没有彩绘，构件也不特别着色，它的视效完全是由结构构件本身构成的（图 89）。16 条拱肋从八个拱脚位出发，朝不同的方向散射，没有任意三条拱肋交汇于某一点，如此"编织"出一个错综又规则的图案来。与后殿穹隆同理，拱肋的布置是不向心的，不提供透视参照，因此整个拱顶结构的呈现是趋于平面的。由于缺少二维图画的配合，还需要更精巧的操作：为了丰富拱肋交织出来的图案，瓜里尼又在不同分格的天花面上挖出扇形和五边形的开口——这些图形布置整齐、规则，但不提供任何平行线，加剧了穹隆结构的平面化倾向；以及，在中央的八边形开口顶上的采光亭，有 8 条拱肋以类似的规律交织出的八角星形结构，它的八角星图案与开口的八边形图案形成了"叠图"效果。最终，这个完全由结构拱肋组织起来的"素"穹隆，不事彩绘，不着雕饰，在没有二维图案配合的前提下，单纯凭借三维建筑元素的巧妙布置，完成了"降维"操作。

瓜里尼这种用三维构件编织二维图案的手法，在神圣裹尸布教堂的穹顶里达到了登峰造极的境界。教堂的尖穹顶是由一系列弧形小拱如砌块般交叠"砌筑"而成的——上层拱单元的拱脚落在下层拱单元的拱顶上。每个微型拱单元都撑起一个能采光的小侧窗，每层六个拱单元，分六层不断向中央悬挑叠砌，收束于"拱心石"的中心位置，顶端压了一座尖耸的采光亭（图 90）。从内部仰望，鳞片状的微型拱单元如花瓣般层层绽开，上部采光亭 12 条拱肋刚好是"拱瓣"的两倍，可以整齐对应起来，构成了错综又有序的平面图形（图 91）。哪怕抛开穹隆的图案效果不谈，单纯评价结构设计，这种"用小拱砌筑大拱"的结构巧思也堪称妙手——这体现了极致本体性的建筑操作。

图 89 圣劳伦佐教堂中厅主穹顶

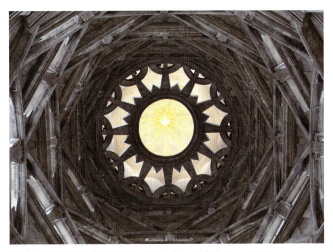

图 91 神圣裹尸布教堂穹顶仰视，来源：flickr 用户 Guilhem Vellut

图 90 神圣裹尸布教堂剖面图

隐秘的本体性

相比起哥特建筑来，巴洛克建筑装饰的本体性显得不那么昭然，因为巴洛克建筑里充斥了太多像绘画和雕塑这样看起来与建筑无关的再现性元素。不过，如果把问题反过来问：巴洛克建筑装饰再现了什么吗？似乎又没有。那些绘画的、浮雕的装饰元素都在营造"此建筑"中的独特体验，且那些体验多数都只与"此空间"有关。因此，用文艺复兴奠定的古典主义标准来衡量，巴洛克建筑是离经叛道的——它既不再现历史上的建筑类型，也不再现人体意向或民族文化元素。一座经典的巴洛克建筑中的建筑装饰，都可以从这座建筑自身的逻辑里找到操作依据和标准。这些藏在绘画和雕饰背后的本体性，尽管隐秘，但非常强烈。

总体而言，是"中心化纵向平面"引发的空间形态或空间结构的复杂化，导致了用内檐口勾画空间形态的建筑装饰手法；是透视法与射影几何的发展，让巴洛克建筑师们有机会用建筑手段操控二维与三维的互动。这两条原本互不相关的线索恰好指向了同一种类似的手法——扭曲，扭曲空间或者扭曲建筑元素。

从根源上，巴洛克建筑的美学标准是基于视觉建立起来的，建筑扭曲的源头是视觉的扭曲。这粗看似乎是必然的：人体验建筑，视觉不是最重要的感官吗？细看来其实不是：古希腊和文艺复兴的建筑传统受柏拉图观念的影响，是十分警惕视觉的，因为视觉影像总是不断随位置和角度变化；在射影几何出现之前，这样的变化难以琢磨、难以度量。古典主义美学几乎可以说是一种抵制视觉的美学系统，它依赖数学，依赖几何学，依赖人体比例，甚至依赖听觉建立了被称作"谐和"（harmony）比例体系……尽管古典建筑最终也将诉诸视觉，但它倾尽了一切手段去对抗视觉里必然扭曲的天性。巴洛克建筑装饰体系的壮举，是成功驾驭了视觉这匹狂奔了几千年的野马。巴洛克建筑提供的视觉刺激，更是古典建筑里没有的。

古希腊和文艺复兴建筑，因为再现了经典的题材而充满着貌似永恒的气质；而视觉是即时性的，它仅在观者体验它的过程里呈现意义，过时无效——因此，巴洛克建筑的本体性里总是缺少那份隽永。尽管隽永与否并不是评价建筑高下的必然标准，但那似乎是评估历史地位的先决条件，这也是巴洛克建筑总是获得如此刻薄的历史评价的原因之一吧？

巴洛克建筑饱受苛责的另一个原因来自它扭曲的手法。当跟风的巴洛克建筑师们仅仅依样学样地去模仿扭曲时，那结果当然是灾难性的——只要再现的原型还在，拙劣的再现仍然是再现；但当平庸的巴洛克式扭曲丧失了它在"此建筑"中要达成的建筑学目标时，那扭曲的本体性也就无从谈起了。似乎，拙劣的巴洛克建筑很容易比拙劣的古典建筑更显拙劣……不过，这也再次印证了巴洛克建筑装饰的本体性：古希腊的石头神庙是来自木头神庙的，文艺复兴建筑是来自古希腊传统的；但巴洛克建筑似乎只是因循着巴洛克自身的传统，因循着"米开朗琪罗的遗产"。

难分彼此

"再现性"将建筑装饰的标准引向"此建筑"之外的原型；而"本体性"则把装饰的意义保留在了"此建筑"内部。再现性装饰只要找到原型，就能被泾渭分明地甄别出来，而本体性装饰却没有这样的清晰界限，因此它们总是与其他的建筑元素难分彼此。

就如保罗·弗兰克尔考证出的：盛期哥特大教堂的肋，承重的、自承重的和被承重的兼而有之，无法一言以蔽之。所有"哥特肋"在阿尔伯蒂—沙利文装饰体系中都承载着帮助建筑进一步逼近美学理想的使命，但同时，那些承重的肋或者为支模定型的肋也该算是"体量构成"，甚至可以被归于纯粹物质手段的"构筑"概念。显然，仅仅通过评估"哥特肋"作为结构的真实性，是无法清楚地完成它是否算是装饰的判定的。或许，我们只能从建筑构件扮演的多重角色里去识别它那些浸染着"装饰性"的成分。

在巴洛克的建筑装饰里，承载建筑意义的绘画、雕塑之类的装饰元素往往与真实的建筑元素交织在一起，虚拟的空间也总是现实空间的延续；更别提瓜里尼把实打实的结构拱顶"降维"成二维装饰图案的极致操作了……非建筑元素总是闪烁出建筑的意义，而建筑元素又总是制造非建筑化的幻觉体验。

回到沙利文的建筑装饰体系来观察：不只是"装饰"与"体量构成"的概念不可能被清晰地区分，就连"装饰"与"构筑"的分野都不再明确了。"装饰"与"非装饰"难分彼此，甚至"建筑"与"非建筑"都难分彼此。这种概念上的模糊，让"装饰"牢牢地交融在"建筑"里，也使得对建筑装饰的操作没办法像沙利文那样先经由"裸体美"再达到"装饰"的按部就班。它要求建筑师深入"此建筑"，探寻材料、技术、功能以及空间体验所激发的形式自身的表现潜力；抑或为既有的外在形式寻求匹配它内在逻辑的操作价值。

这种难分彼此的、模糊的装饰体系并不是被动的结果，而是主动的追求。就如建筑师在遭遇新材料、新技术或新功能的迷茫时，需要借助"再现性"的先天优势来在清晰的装饰体系下进行设计操作一样，当建筑对它自身意欲达成的效果提出清晰的目标时，建筑师同样需要借助建筑学的学科边界与建筑的自明性来确保自己不至于在眼花缭乱的各式操作手法中偏航。晚期的哥特与平庸的巴洛克的原罪都被归于"手法"，在建筑学话题里提及"手法"总是要满怀着警惕的——除非是在与米开朗琪罗有关的语境之下。

米开朗琪罗的遗产显示：固守本体性，是驾驭手法的关键。

在现代主义之初，建筑学在对各种风格的复兴和折衷里重温了自身的传统，也经历了资本论、社会化大生产、技术革命、全球化、科学崇拜等外在浪潮对建筑学学科的洗礼。勒 - 迪克将美学付诸技术，开辟了一条叫作"结构理性"的路；而森佩尔则将美学传统溯源到比古希腊更为久远的人类学源头，提出了著名的"四要素"……经历了那些本体性与再现性反复交替的尝试之后，现代主义的建筑学终于通过一场革命从名义上一刀斩断了与历史传统的血缘关系，从而不得不从建筑之所以"现代"的自身命题中寻求独立和稳定的价值——这也注定了现代主义的先驱们必然要竭尽全力去挖掘建筑的本体性的宿命。

恰恰是因为本体性装饰在建筑中如此难以分辨，让建筑装饰在现代主义的那场革命里丧失了正当的身份。其实，诸如功能主义、机器美学之类的美学机制都是借由微妙的"装饰性"达成美学目的的，但现代主义的革命先驱们似乎更倾向于把"装饰"树立成"传统"的化身，把它树立成假想敌。

但是，不管本体性装饰与建筑中其他诸元素、诸概念如何难分彼此，不管美学理想究竟是在多大程度上被偷换成了技术或功能的效果——美学理想总是永远存在着的，物质手段则永远鞭长莫及……建筑装饰的价值，也就不可能被抹杀殆尽。

无论如何，19 世纪以前的建筑大师们在建筑装饰领域里煞费苦心地经营着的美学价值，不可能到了现代主义大师们手里就成了信手拈来的把戏。其实，在密斯、柯布西耶们面对装饰云淡风轻的态度背后，在现代美学奇观的背后，掩藏着建筑装饰的古老秘密。总之，装饰一定还在，顺着它固有的原理追溯，也不难还原出它在那些号称清洗了装饰的现代名作里栖身的位置和形式。

第四章 装饰与节点

现代建筑与"本体性"

工艺置换

在"独石纪念性"的理想下，抹灰是阿尔伯蒂模仿完石的妙法；而在"至上主义"的目标前，柯布西耶则另有所图。在萨伏伊别墅里，抹灰不但掩盖了钢混框架和砖维护之间的交接，还成为建筑里唯一被表现的质料（图1）。与阿尔伯蒂利用抹灰来模仿其他材料不同，柯布西耶开发了抹灰的抽象特质——现代主义一度追求纯粹，连建筑材料都显得像外来的。当抹灰给建筑体量赋上了连续、流畅的纯粹几何形，再着上色系里最显虚无的白色，柯布西耶成功抽离了建筑中的物质表现，实现了对空间和形体的提纯。在这样的表现里，除了空间和形体，就只剩下光和影而已。建筑总是材料汇聚而成的，既然作为建筑的物质手段，当然就回避不了物质性；而恰是抹灰，成功地掩盖了材料的物质性，让物质的建筑达成了原本难以企及的非物质的美学理想。不指向任何他者，仅呈现此建筑的几何形式，柯布西耶的白色抹灰是不折不扣的本体性装饰。

无论是否带来新的材质表现，抹灰都会掩盖不同建筑构件和材料之间的交接，令它成为完形体量。而彼得·卒姆托用一种特别的"砌筑"方法获得了跟抹灰异曲同工的完形体量，且效果更加震撼。瓦尔斯温泉浴场（Thermal Bath Vals）的概念就来自阿尔伯蒂的独石理想，在《三个概念》里被称作"独石般的"（monolithic）。卒姆托的浴场看起来是由切割平整的片岩整齐砌筑起来的，但它的结构支承关系和跨度却是远非石砌结构所能达成的。这座建筑的结构实质上是典型的现浇混凝土结构，妙手在于，卒姆托先用单匹片岩砌筑起墙、柱结构的外围，这也同时作为混凝土浇筑的模板，片岩砌块在外表面取齐，内表面则以长短交错留槎，这样在浇筑混凝土后，留槎能与混凝土密切咬合，浑然一体（图2）。不脱模，砌筑精巧的片岩就顺势成了混凝土的饰面。作为物质手段的混凝土全不可见，而片岩表皮也确实是砌筑起来的，它充溢着用贴面不可能完成的工艺细节，这座"石头建筑"不仅令沐浴者目驰神迷，也震惊了许多行家里手。

这样的做法倒不是卒姆托的独创，早在以混凝土技术著称的古罗马时代，大规模的墙、柱和拱结构都是用砖石砌筑出外皮后再在内里浇筑混凝土来完成的（图 3）。因此，许多看起来是砌筑结构的古罗马建筑只有在废墟遗址里才能洞悉其技术实质。当然，卒姆托绝不仅是引用了一种古老的传统做法，区别恰在美学理想上。他对浴场的描述是"这块石头由石头造就"（this stone is made of stone），从美学上，他要呈现的是"这块石头"而不是"这些石头"，也即"独石般的"表现。因此，他绝不让建筑呈现出类似砖石结构的形态特征，凭借现代的钢筋混凝土结构，他让建筑展现了砌筑结构难以企及的大跨度和完整体量，并且杜绝了拱的出现；同时，凭借片岩留槎与混凝土的咬合，被切割平整的石材交接面可以直接贴合，不必以灰浆交接，这更撇开了砌筑建筑的嫌疑（图 4）。卒姆托的苦心显然倾注于石头而非混凝土，在他的详图上显示，他度量了每一块石材并且为它们编号，以瑞士人独有的匠人精神仔细把那些石材组合成一块独石。这是对阿尔伯蒂美学宗旨的现身说法——"美是实体各部分的有理的和谐，所以不能损益或是改变哪怕一点，除非欲使其变坏"。

少言寡语的密斯甚至用这种砌筑的态度来定义建筑："建筑，肇始于两块砖被严谨地摆放到一起。"密斯最经典地为"严谨地摆放"现身说法的示范并不在他那几座砖宅里，而是在著名的巴塞罗那世博会德国馆的大理石墙上。如此大块的石材单元，让我们很难相信那些指引着"流动空间"的墙段是砌筑起来的，但是如果去检查墙体的阳角部位，又会发现那都是完整的石块切割而成，完全找不到贴面交接的痕迹。密斯的策略并不复杂：他仅在墙段端头用与墙厚等宽的石材整块砌筑，用整块石材来提供完整的阳角，而在大部分墙面上，石材间交接的平缝其实并不会暴露它究竟是砌筑还是贴面的技术真相（图 5）。其实，密斯这种"严谨地摆放"几乎浸润在德国馆的每一处细节——那面著名的大理石屏风用同一块石材上的切片状镜像拼合，完美地解决了阿尔伯蒂提出的大理石纹理的拼接问题。也许是钢和玻璃的现代性使然，密斯的德国馆总给人某种"技

图 1 萨伏伊别墅建成前后对比，后图来源：flickr 用户 Yo Gomi

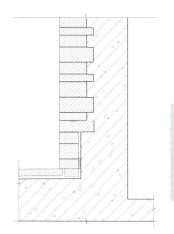

图 2 瓦尔斯温泉浴场墙身详图

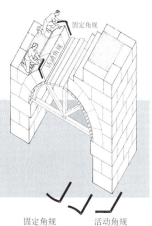

图 3 罗马的混凝土技术

术表现"的错觉,其实,德国馆里只表现材料的质地,却几乎不表现真实的建造工艺:大理石墙总体上是贴面;屋顶梁架,以及梁架与柱子之间的交接都被平整的白色吊顶掩藏着(图6);那八根"十字"钢柱——其实根本就不存在十字形的型钢,十字形的钢柱是由角钢和 T 型钢组合而成的,包上了一层完整、光洁的镀铬铅皮(图7)……于是,再看到路易斯·康在金贝尔美术馆的山墙上用石灰华砌块去掩盖砖砌体的做法(图8)也就不足为怪了。

柯布西耶用白色抹灰消除了建筑上的材料表现;而诸如上述的卒姆托、密斯和康的做法,则意在用一种工艺、材料的表现去置换另一种。对于后者,阿尔伯蒂在《论建筑》中对嵌木(intarsia)、马赛克、玻璃和瓦的论述已经非常清楚了:这些表皮材料在掩盖原有建造接缝的同时,也引入了新的装饰接缝,所以其掩盖的方式其实是用一种可控的、以美学原则为标准的接缝来掩盖(从美学上)不可控的,以技术原则为标准的接缝。这绝不只是用贴面来完成消极的"掩饰",而是用一种工艺置换另一种工艺的"再造"。通过再造营造出的工艺效果都将更充分地表现装饰材料的特质,因此,阿尔伯蒂指出:因为嵌木本身的平整特性,嵌木拼接时的板块越大越好;相反,马赛克则小于豆大为妙,因为马赛克的体块越小,其拼接后的表面就越不平整,从而越能表现从不同方向反射的闪烁效果。另外,马赛克是最容易与镀金玻璃搭配的,再用混铅的灰泥粘接,其组合后的流动效果甚至超过任何形式的玻璃。

这种工艺置换仅发生在视觉上——它并不在技术层面清晰地区分结构与围护、支模与贴面、浇筑与砌筑……那些被表现的工艺并不来自建筑之所以被建造起来的技术真相,但看起来却非常真实和完整,做戏要做全套,就像魔术师在舞台上的表演。在阿尔伯蒂—沙利文的装饰体系下,这些现代建筑里的所谓"工艺表现"无疑都是装饰:那些被推到表演台前的工艺并不改变技术现实,这吻合装饰的"非真性"原理;而作假成真的严谨态度则来自建筑师的美学理想。尽管达成这些美学理想的都是装饰手段,但当真实的工艺被置换掉之后,现代建筑师却并不引入"他者",那些被再造的工艺,都让建筑呈现出"它们本身应该呈现的样子",这些建筑装饰都流露出强烈的本体性倾向。

图 4 瓦尔斯温泉浴场室内

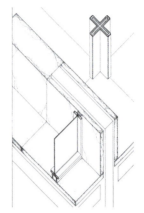

图 5 巴塞罗那世博会德国馆大理石墙剖轴测图

图 6 巴塞罗那世博会德国馆吊顶

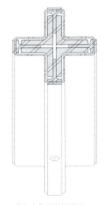

图 7 "十字"钢柱断面

哥特情结

　　沙利文用哥特风格处理摩天楼的方式全然是"再现性"的,所谓"哥特"只是再现的对象而已;相反,密斯对他的钢构玻璃摩天楼所做的装饰工作则继承了哥特装饰的"本体性"。

　　在西格拉姆大厦里,工字钢柱外打了一层混凝土,这样的选择完全来自技术权衡:尽管整座建筑的结构逻辑仍然建立在钢框架的基础之上,但它仍需要混凝土外皮来提高防腐和防火性能(图9)。密斯对型钢的喜爱世人皆知。于是,那层混凝土外皮当然就成了"美学理想"与"物质手段"之间的"差额"。密斯在大厦外立面纵挂的工字钢肋(图10)与"哥特肋"的装饰意义简直别无二致——中世纪晚期教堂里的"哥特肋"将原本被埋藏在拱顶内部的"秘肋"露明出来;而密斯的工字钢饰则将混凝土内的型钢昭示在外部。它们都以装饰的身份呈现出一套看起来完整的结构体系,它们本身并不承担荷载,甚至成为结构负担,但却清楚地勾画着真实结构的逻辑。这种做法几乎应用于密斯所有的摩天楼,那些作为建筑装饰的"壁柱"都比真实的结构柱纤细得多,恰如哥特大教堂里纤细的附柱。

　　这种哥特式的"本体性"并不只适用于钢铁摩天楼。奥古斯特·佩雷的富兰克林大街25号公寓是钢筋混凝土框架结构的,佩雷为建筑施加了一层贴面,其中结构表面用平板陶土砖,而围护区域则选用陶瓷花砖(图11)。这样,结构与围护就在表现上被不同的饰面泾渭分明地划分清楚了,并践行了森佩尔的表现原则:简洁、平整的平板陶土砖能拼接出更浑然的表面,这吻合了作为结构的独立性和完整性;而纹样繁复的陶瓷花砖则营造了类似柔软的织物的感受。在这里,非真的建筑装饰强化了真实的结构逻辑。在佩雷的理想里,显然希望结构能更纤细一些,因此,用来装饰结构和围护的两种饰面尽管忠实地昭示了结构与围护的大致位置,但却重新调整了它们的疆界——佩雷也许无法忤逆力学规律来让真实的结构柱变细,但却不难让贴面范围"细"下来。

　　有趣的是,密斯的"钢肋"与佩雷的陶砖都消减了结构元素所呈现的比重,不管是否有意为之,事实上都达成了"去物质化"

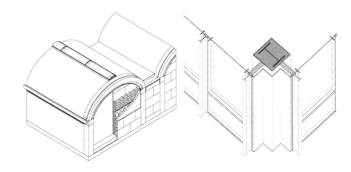

图8 金贝尔美术馆山墙做法　　　　图9 西格拉姆大厦柱详图

图10 西格拉姆大厦钢肋　　　　图11 富兰克林大街25号公寓

的效果,毕竟,无论是哥特的上帝崇拜还是现代主义的技术崇拜,炫技都是实现纪念性的重要手段。

　　阿尔瓦·阿尔托在芬兰赫尔辛基设计的拉塔塔罗商业办公大楼(The Rautatalo Office and Commercial Building)虽然是钢筋混凝土结构,但却得了个"铁楼"的绰号,原因就是阿尔托在建筑的立面上罩了一层钢框架,让它看起来活脱是一座钢铁建筑(图12)。当年,路易斯·沙利文在范·艾伦织品商店里用砖石表皮置换掉了钢铁框架;而阿尔托则又用类似的手法把钢铁框架给置换回来了——这是物质手段和美学理想的天道轮回。

这些高超的结构表现都是由装饰来完成的，真实的结构反而很少被暴露出来。现代主义对"真实性"的迷恋，其实是在追求一种"看起来真实"的理想体验——这也很哥特。

斯卡帕的空间布景

前面讨论过，巴洛克的建筑装饰主要是针对"此建筑"空间的塑造而呈现本体性的，这在卡洛·斯卡帕的展览布景设计里被传承下来。

斯卡帕的故乡威尼斯，在 16 世纪就建立起兴盛一时的威尼斯画派。威尼斯画派或被认为是欧洲风景画的肇源。在描绘自然风景的画面里，透视关系不像在建筑空间里那么严格。在诸如拉斐尔的《雅典学院》或达·芬奇的《最后的晚餐》里（图13），画面中央必然存在的灭点以及建筑元素中大量的平行线都提示着唯一准确的空间透视关系，画里的内容也必然被这套透视法则整合成一个空间性的整体。在这样的空间系统里，唯一灭点的存在自然而然地为绘画中的人物排定了秩序，越靠近灭点位置的人物就越具统治性——画家们也借此在世俗空间里确立了柏拉图、亚里士多德或耶稣的核心地位。而威尼斯画派的许多创作因为以自然风景为背景环境，刚好摆脱了大一统的空间控制。在《三世代的寓意》里，人生的三个阶段其实是不应该排出主次的，于是，提香让"童年""青年"和"老年"三组人物分别构成三角形的稳定构图，并且用逆光的灌木、焦黑的枯木以及草地的色块切割了三组构图各自的背景环境，让三组人物离散在同一幅画面里，得以各自独立地呈现出来（图14）。在绘画背景中的自然景观环境也许并不是专为描绘自然，而是借机取缔空间灭点。

在斯卡帕建筑作品的空间序列里，灭点位置通常是开敞的。卡斯特尔维乔古堡博物馆（Castelvecchio Museum，后简称"古堡博物馆"）是斯卡帕的代表作之一。建筑是中世纪始建的，五间相连通的纵长空间是先在的，一重重拱门清晰地提示着灭点。而斯卡帕并不打算为他布展的展品排定座次，他希望它们是能在这个空间里"各自在"，获得平等的个体表达。因此，斯卡帕借用了类似提香在《三

图 12 阿尔托的"铁楼"

图 13 拉斐尔的《雅典学院》

世代的寓意》里的表达策略：他先"裁掉"了最端头的建筑开间，并敞开灭点位置的门洞，把灭点"埋在"非建筑的空间环境里；接着，他让雕塑展品成不同方向、前后错落地离散在展厅空间里。在这里，决定性的装饰元素是铺地，与空间纵深方向相垂直的横格铺地进一步干扰了观者对指向尽端灭点的透视关系的判断（图15）。

威尼斯画派的做法帮助画家们摆脱了灭点秩序，也同时让他们失去了借由灭点来突出对象的手段，他们得另想办法了。一个普遍有效的办法是：像《三世代的寓意》里那样用逆光的深色灌木笼罩"青年"人物，这样除了能提供独立的"背景板"来烘托人物外，还能成功地把人物从画面空间里切割出来。像《圣会话》中的圣母（图16）和《圣彼得、教皇亚历山大六世及主教皮萨罗》中的圣彼得（图17），都在逆光的深色背景的笼罩下脱离了原本的空间。为了让圣彼得彻底脱离提示空间关系的方格地砖，还把他置于一个台基之上——由此便不难理解斯卡帕在古堡博物馆的圆雕下垫的那些有悬挑效果的基座。更巧妙的是在《皮萨罗的圣母图》中，唯一脱离画中情节的女孩（眼望着画外）被完全笼罩在她身后教徒的黑袍里，因为不与袍子外的世界发生任何空间交叠，这位"看镜头"的女孩被成功地从画面空间中孤立出来（图18），营造出了如幽灵般漂浮的效果。

这是斯卡帕在特定展品后衬深色或纯色背景板（图19）的源头，也是出于相同的原因，斯卡帕曾经打算把卡诺瓦石膏博物馆（Gipsoteca Canoviana，后简称"石膏博物馆"）的内墙刷成黑色，来最大限度地烘托白色的石膏模型。看似例外，古堡博物馆的二层展厅多数没有设背景板，在不靠墙的地方设置的展板也是白色的——但值得注意的是，二层的绘画展品多是深色调的（图20）。

斯卡帕在他的展览设计中针对空间表现所做的装饰工作，与巴洛克的装饰有着相近的"本体性"，只是把射影几何原则换成了威尼斯画派的离散空间原则。当然，在古堡博物馆二层过道，斯卡帕还是把吊顶吊成近高远低的斜面以加剧空间纵深感，算是表达了对巴洛克传统的敬意吧。

通过消解灭点来把特定的展品从展厅空间里抽离出来，原本完整的空间关系被切割开来，雄辩的透视规则也代之以离散的关注焦点……斯卡帕让他布展中的展品都获得了平等和独特的展示机会。营造这种离散的空间在二维绘画里尚且不易，在真实的三维空间里就更是难上加难——因此，弗朗西斯科·达尔·科把斯卡帕的空间表现赞为"片段"（fragment）。

图14 提香的《三世代的寓意》

图15 古堡博物馆展厅

图16 《圣会话》

图17 《圣彼得、教皇亚历山大六世及主教皮萨罗》

图18 《皮萨罗的圣母图》

图 19 斯卡帕的深色背景板

图 20 古堡博物馆二层展品

从沙利文的陶土面砖到赖特的混凝土砌块

　　尽管沙利文在从"构筑"到"体量构成"的过程里常偷换结构逻辑，但是他仍然遵循着森佩尔的理论，将结构与维护表现得泾渭分明。沙利文精通陶土面砖的工艺和表现，他沿着森佩尔的思路，用繁花似锦的面砖纹样给建筑围护赋上了类似编织的特征。

　　陶土面砖作为有厚度的材料，尽管是薄材，它也仍然存在着六个面——正面，背面和四个厚度面。然而，它只有正面这一个面是可以示人的，其他各面都宜乎隐藏在各种交接里。由于面砖的背面一定是与围护基面贴合的，所以不存在暴露风险，在各式交接里，有两类部位最容易暴露面砖的厚度面：第一类，是围护的平整表面上排布面砖后在贴面区域四周端头留下的厚度面；第二类，是在建筑的转角部位。

　　对于第一类部位，沙利文通常的做法是先在立面上制造出凹龛，再把面砖嵌进凹龛里。比如在农业银行的设计里，他先通过砖叠涩的凹龛给花砖"勾边"，再把面砖严丝合缝地卡进那一圈凹龛里，尽管花砖仅构成线性边框，但为花砖"开道"的繁琐砖构造让这一圈花框极显隆重，如伊斯兰书页的装帧一般（图 21）。这一圈花框将平整的砖砌表面划分成内外两部分——纤细的外边砖框和大面的内芯砖墙，从而实现了森佩尔式的二分，外边的纤巧与佩雷的富兰克林大街 25 号公寓里被花砖"削"细的结构异曲同工，而大面的内芯砖墙则因着一圈花砖框的收边而摆脱了承重墙的嫌疑，且显得简洁、干净，这一圈节制的花框可谓举重若轻，远比在内芯范围内广贴花砖高妙得多。

　　应对第二类部位——即转角，沙利文的反应更显兴师动众。他为罗斯切商店（Rothschild）的转角位专门定制了转角面砖（图 22），这其实有悖于面砖在建筑学里的初衷——用预制的标准面材来为建筑提供更精巧的表面质地——转角面砖普适性很低，在制作工艺上的难度也跟普通面砖不可同日而语。定制转角砖的做法显然难以作为通行策略，因此，在艾利扎墓的转角部，沙利文用一条笔挺的转角抹灰收住了两侧面砖的厚度面（图 23），这实质上是国家农业银行的粗略版，意味着沙利文始终没有找到心仪的普遍策略。

路易斯·沙利文门下最有名的弟子是现代主义宗师——弗兰克·劳埃德·赖特。赖特设计的詹姆斯·查恩利住宅（James Charnley House）里有一个从立面上突出来的阳台，从这个阳台表皮的面砖装饰来看，赖特已深得恩师的真传（图24）。这座建筑完成于1892年，当时赖特还在沙利文的制图室里工作，据传这个设计是赖特偷借沙利文的名号干的"私活"，这对师徒在一年后的分道扬镳不知是否也与此事有关。阳台的面砖做法，也算是用专业手法给建筑打上了沙利文的标签。然而，赖特在这里居然用陶土面砖直接拼出了转角体量——从这种迎难而上的大胆操作里不难看出"后浪推前浪"的强烈愿望。在赖特独立从业的前十年，常在转角部位贴沙利文式的陶土面砖，并用类似"磨砖对缝"的精细工艺来处理面砖厚度面在转角处的交接，比如1893年在作为"草原别墅"开山之作的温斯洛住宅和1900年作为"自由平面"缘起的丹纳住宅（图25）里都是如此。

赖特执着地用单面面砖来塑造转角，意味着他并不甘心把沙利文式的面砖质感仅作为面砖来使用——他希望它们能呈现为真实的砌筑材料，并塑造出真实的体量。这就让问题直接回到了建筑技术的"真"与建筑装饰的"非真"的矛盾上来。"真"与"非真"的差异究竟体现在哪儿呢？体现在材料究竟是一个"面"还是一个"体"。面与体的真相首先当然是呈现在转角：在平整表面上，砌筑与贴面的差异并不显眼；而转角处则尽显体与面之间的差别。沙利文的转角面砖和赖特的磨砖对缝都是在解决转角"穿帮"的疑难。赖特如此执着地让面砖在转角部硬碰硬，也是在追求作假成真。面与体的真相还能从材料"是否透空"表现出来：贴面背后是真实的墙体，当然不敢透空；而如果敢让材料透空，让人从内外之间看穿，当然昭示着那材料是彻头彻尾真实的。赖特在艾沃里·康利住宅（Avery Coonley House）里的大面镂空花墙就是在通过透空来表白真实砌筑（图26）。

终于，到1922年，赖特在米拉德住宅里祭出了空心混凝土砌块（图27）。利用混凝土的强度和可塑性，赖特把沙利文似锦

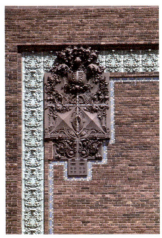

图21 农业银行陶土面砖工艺　　　图22 罗斯切商店的转角面砖安装现场

图23 艾利扎墓　　　图24 詹姆斯·查恩利住宅

图25 丹纳住宅的陶土面砖，来源：flickr 用户 Ron Frazier

91

的面砖变成了真实的砌块，在砌筑中，转角砌块与镂空砌块让赖特求真的愿望达成了两全。这样的真实砌块不仅能充当两面墙之间的二面转角，还能充当两面墙与屋顶面构成的三面转角——这就把砌块作为一个"体"的实质最大限度地表达出来了。为此，赖特在草图里还专门勾画了三面转角的透视来推敲效果（图28）。当然，镂空的空心砌块仍然没法出现在转角部，赖特让实心砌块的浅凸图案与空心砌块的镂空图案呈现出一模一样的图形，以此弱化转角部位与透空部位的区别。

在一年后的恩尼斯住宅里，赖特驾驭混凝土砌块的手法显得更加精准和豁达。除了浅凸图案的实心砌块与带镂空图案的空心砌块之外，还引入了一种没有图案的平面砌块（图29）。道理也很明白：在转角部的实心砌块与透空区域的空心砌块都是用来表达砌块真实性的，当然要让它们呈现出相同的图案来；不过，在大面积的墙面区域，如果不让它透空，即便用了带图案的真实砌块，砌筑出来的表面也与贴面无异。与其"作真成假"，不如索性不表达了——因此在难分真假的表面区域，赖特选择了不带图案的

素净表面。于是，实心砌块的位置选择就更精准和讲究了：在墙角和檐口的两面转角处，在外体量墙与屋顶的三面转角处，以及在独立柱的四面转角处。赖特沿着沙利文的面砖一路演进过来，却在这一刻出现了戏剧性的反转：沙利文和佩雷在结构位保留完整体量、在围护位贴花砖的表达逻辑在恩尼斯住宅里被反转过来了，处于边框的转角位被处理得纹样繁复，而大面的围护面却索性留白了。

不难理解，赖特在这两座号称是预制混凝土砌块的"砌筑建筑"里如此大费周章地表达砌块的真实性，是为了不辜负原本就作为真实体量的砌块——那是与恩师沙利文出神入化的陶土面砖之间最根本的差异。但是，如果了解赖特在这两座建筑里采用的工艺，就得重新评估这里面关于"真"与"非真"的关系：建筑主要的墙体构造，乍看起来是通体砌筑的砌体墙，实质上是两片由薄方砖墙拉结起来的"夹心墙"（图30）。方砖厚度面上做成凹口，在两匹砖对接的接缝处形成柱状空腔，在其中配筋并灌浆，来让用薄方砖构造的单片薄墙立起来，两幅薄墙之间再以钢筋拉结起

图26 艾沃里·康利住宅

图27 米拉德住宅

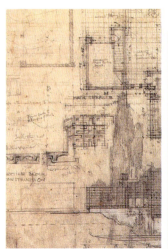
图28 米拉德住宅草图

图29 恩尼斯住宅，来源：flickr 用户 geek_love13

来，就构成了墙体的厚度；其实，看似通体的"实心砌块"也都是中空的，仅在构造柱部位和端头上下贯通，配筋并灌浆后才构成结构性的实心。我们在前面已经领略过了古罗马的"砖皮混凝土墙"和彼得·卒姆托的"石皮混凝墙"，再面对赖特的"预制混凝土薄砖皮灌浆夹心墙"应该也不足为怪了。

所以，比起赖特用夹心墙催动出来的真实砌筑的视觉奇观来，沙利文那面砖归面砖、砖砌归砖砌的做法是不是更接近建筑的技术真相？回到装饰的"非真性"原理上来：真实与否并不决定建筑的高下。赖特从来没打算用暴露技术的"真"来实现表现的"真"，他践行了最经典的建筑装饰逻辑——他讨论的所谓"真"，是让建筑表现里非真的建造逻辑"看起来真"。这很像现代主义先驱们所声称的他们对装饰的态度："看起来"痛恨。从某种意义上，那"看起来"痛恨的态度也让他们的建筑"看起来"更真实了。

从"装饰"到"节点"

阿道夫·路斯在《装饰与犯罪》里用资本理想置换了古希腊建筑传统中的哲学理想和哥特建筑传统中的宗教理想。工业革命通过科学来实现它的资本理想，从此，技术崇拜成功地置换了古希腊和文艺复兴的理性美学和哥特的"去物质化"理想。从沙利文的陶土面砖到赖特的预制混凝土砌块，尽管丝毫没有触及装饰的本质，却寓言着现代主义从名义上反对装饰的使命。为了避讳，现代主义的传人们从不提及"现代主义装饰"，他们机敏地称之为"节点"。

在勒·柯布西耶的爱哈迈达巴德文化中心和昌迪加尔艺术品陈列馆的设计里，为了表达建筑可以被继续加建的概念，在檐口处"保留"了密集的混凝土肋（图31）。事实上，这样做并不能真的为未来可能发生的加建留槎，除了表现独特的密肋以外，它更实在的作用是在结构中引入光。这种以搭接形式出现的密肋做法并不符合混凝土梁的技术特点——那其实是木构特有的形式。柯

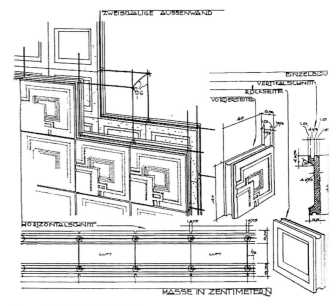

图30 "混凝土砌块墙"做法图

布西耶在这里的操作很接近爱奥尼神庙里用石头的齿状檐口来再现木构密肋的表现。柯布西耶的恩师——奥古斯特·佩雷也曾在圣约瑟夫教堂的楼板底面用混凝土浇筑出密集的肋，以此制造出如同简支木肋承托楼板的搭接效果（图32）。从结构角度看，这种跨度不大的混凝土楼板原本是不必有加强肋的，以及，佩雷在整座建筑里都着意保留模板在混凝土表面上留下的木质纹理。上述两例混凝土肋与古希腊神庙石仿木装饰之间的差异似乎仅在构件的功能含量，前者在理论上确实承担了些结构作用，而后者则没有功能任务。值得注意的是：两者在装饰意义上并没有太大差别，无论是否承载功能使命，无论我们称之为"节点"还是"装饰"，它们最终的形式都不由功能决定，而是美学理想使然。

佩雷师徒的混凝土肋与古希腊神庙的木构再现遥相呼应，而彼得·卒姆托的布雷根茨美术馆（Kunsthaus Bregenz）"如羽毛般轻"的概念则直指"去物质化"的哥特传统（图33）。卒姆托解

图 31 昌迪加尔艺术品陈列馆的
混凝土肋

图 32 圣约瑟夫教堂混凝土肋

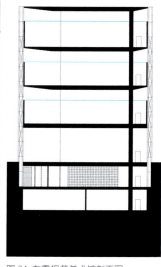

图 33 布雷根茨美术馆，来源：flickr 图 34 布雷根茨美术馆剖面图
用户 Tauralbus

释美术馆成鱼鳞状脱开的阵列排布的磨砂玻璃板有控制通风和采光的作用。但事实上，建筑的日常通风仍然主要依靠空调设备；磨砂玻璃营造了柔和的光效果，但这样的光效并不能充分解释鳞状启缝的布置方式。要理解卒姆托煞费苦心布置的这层如天鹅羽毛般的表皮，还是要回到"如羽毛般轻"的概念上来：它与支承建筑的三堵大幅面剪力墙脱开，独立构成摆脱了结构的建筑外观；而每片玻璃倾斜启缝的排布则让这层表皮瓦解了它作为"一面半透明围护墙"的形象，而被视作一系列羽毛状材料的阵列——每一块磨砂玻璃都仿佛是轻轻地"搁"在从幕墙钢框架出挑的纤细钢件上，隐匿了幕墙结构的存在。一切操作，都是要让建筑看起来无限轻盈。从事实上，依这座美术馆的体量而言，它的剪力墙结构不可谓不厚重——那才是它的技术现实。在建筑内部不可能回避剪力墙的存在，但卒姆托却让它们摆脱了承重的"嫌疑"：磨砂玻璃吊顶让观者无从目击承重墙与楼板的交接；尤其在建筑第二、三层和顶层，卒姆托在羽状表皮退进 90 厘米的内圈浇了一

圈封闭的混凝土墙，与外皮形成"双壳"，这一圈墙与磨砂吊顶板底取齐，与楼板脱开，穿过外表皮的自然光可以从脱开的水平开口照射吊顶，由此暗示墙体是不承重的；重要的是，不承重的外圈墙与承重的三片剪力墙跟吊顶之间构成了看起来一模一样的关系，而外圈墙让进来的自然光与剪力墙腹地的人工照明以类似的方式提供了经由磨砂吊顶的采光——于是，在不承重的外圈墙的"掩护"下，剪力墙似乎也不必是承重的（图 34）。在这里，混凝土外圈墙与磨砂吊顶所暗示的"非结构"，与哥特大教堂里由纤细束柱及拱肋暗示的"轻结构"简直别无二致。彼得·卒姆托在结构现实与表现效果之间制造的巨大反差显然脱不开与装饰的干系，但其中可见的技术操作，就仅在外围护和吊顶中用来固定磨砂玻璃的那个若隐若现的节点而已。

卒姆托在布雷根茨美术馆里把技术现实隐匿得干干净净，而卡洛·斯卡帕却恨不得把功能放到显微镜底下放大了给人参观。石膏博物馆里的转角凹窗比赖特的转角凸窗增加了一个能照亮墙角

的采光面（图 35），却也额外引入了凹窗底面的排水问题——天道公平，按柏拉图在《理想国》里的结论，一切多出来的欲望都伴随着有待解决的纷争。凹角窗里的积水量极小，因此斯卡帕仅设置了一根极细的金属管来完成这项功能。有意思的是，斯卡帕又安排了一道极隆重的槽口来安放那根微不足道的排水管（图 36）。这样的"节点"显然并不出于功能需要，而是为了表现——就像哥特建筑里用装饰手段来表现结构一样，斯卡帕秉着相同的动机在表现着排水。只是当把功能作为表现对象时，总让现代主义的传人们不愿说出"装饰"二字来，于是弗兰姆普敦就称其为"节点崇拜"。同理，在维罗纳人民银行的设计里，斯卡帕用双层立面实现了立面自由，内层立面的"密斯式窗"与外层立面中大小不一的圆洞口像幻灯片一样叠合起来，两层立面间也要解决排水。斯卡帕在每一个圆洞下都设置了一条醒目的线状凹槽，与圆洞构成了整齐中暗藏微差的构图序列（图 37）——达尔·科从它们构成的共性与差异里体验到了贝克特式的不稳定的记忆色彩。在这样背景玄奥、效果强烈的构成关系里，凹槽底端是不是引出排水口已经不是重点了。比起隐匿功能来，斯卡帕显然更痴迷于借题发挥。在奥托朗济住宅（Casa Ottolenghi）里，一条连通屋面排水口与水池的铁链充满了日本园林的静谧色彩，但那也确实有效地消除了排水泄入水池的落水声（图 38）。

借文丘里在《建筑的复杂性与矛盾性》中提供的"两者兼顾"视角来观察：现代大师们在实现技术与空间表现的同时，从未放弃古典建筑对装饰提出的任务。他们不是简单地把实现功能要求的物质手段暴露出来，他们对那些功能"该呈现的样子"有极明确的主张，那主张总与功能自然而然呈现的样子如此不同……

至此，我们可以重新理解格庇乌斯重组维特鲁威三要素关系的等式：坚固 + 实用 = 美。这里也许并没有用"坚固"和"实用"取代"美"，只是把它们作为"美"的题材。每个时代的"美"都有它们的经典题材：古希腊的"得体"和"匀称"，文艺复兴从古希腊继承的比例原则和手法元素，哥特建筑的结构理性……在工业革命以来，科学精神与技术崇拜的风尚都让"功能"顺理成章成为美学题材。只是从维特鲁威提出三要素以来，"功能"与"美"

图 35 石膏博物馆转角凹窗，来源：flickr 用户 Theodore Ferringer

图 36 石膏博物馆凹窗排水口，来源：flickr 用户 Theodore Ferringer

图 37 维罗纳人民银行，来源：flickr 用户 marvins_dad

图 38 奥托朗济住宅落水口

一直作为硬币的两面，对立了太久，让它作为美学题材显得有点儿不可思议。

于是，路易斯·康从"节点"出发重新发现了"装饰"：

我们当今的建筑需要装饰，这在一定程度上来自于我们隐藏节点的趋向——换句话说，想要掩盖各个部分是怎么结合起来的。如果我们试着像我们建造房屋那样训练我们画画，从底下往上走，在浇铸或者建造的地方停下我们的铅笔，那么装饰就会从我们对完美的结构的爱中激发出来，我们能够发现一种新的建造方法。

区别似乎仅在于究竟是用装饰来"隐藏节点"还是"表现节点"，后者携带着强烈的本体性倾向，让装饰与节点难分彼此。不过，在现代主义的价值观下，当年在阿尔伯蒂的观念中泾渭分明的"巧匠的手"与"理性美"，倒是在装饰的领域里合流了。

卡洛·斯卡帕在古堡博物馆的屋顶端头做法，几乎可以作为对康那段论述的注解：出于历史评述的任务，他真的在建造的地方停下了手——不同时代、不同改造者、不同技术需求留下的构造层次被极有序地呈现出来（图39）。

有意思的是，这里呈现出来的节点非常接近技术真相，但那为了袒露构造层次而被剥开的屋顶却又极为反常……可见，无论美学题材里蕴含着多大的技术含量作为掩护，也无论是何等境界的高手，在强烈的美学理想驱动下，想让装饰的过程不动声色都是极难的。

图 39 古堡博物馆屋顶

"装饰劳动时间"与装饰性

无论如何，现代主义建筑师们那些赖以完成传统装饰任务的手段，都很难再被定义成纯粹的装饰手段。抹平物质手段与美学理想之间的差距——这似乎是现代主义建筑从阿道夫·路斯起就暗藏于胸的野心。格罗庇乌斯想用功能取代美学，"机器美学"甚至把技术手段凌驾于美学理想之上，连少言寡语的密斯都宣称"上

帝存在于细部之中"……就这样，"装饰"这个词条似乎真的从现代主义的词典里被剔除出去了。

上帝或许存在于细部之中，但细部却不可能成为上帝。柏拉图讨论"神至善"，阿尔伯蒂强调"美的绝对性"，路易斯·沙利文划清"建筑""体量构成"和"构筑"的界限以及路易斯·康借海德格尔的语法吟诵"秩序是"……美学的宿命是它永远不可能被完满达成，技术的宿命是它永远不可能真的超越美学理想。

关乎宿命的征兆不只从哲学和建筑视角折射出来，它简直俯仰皆是。阿道夫·路斯在批判维也纳腐朽的装饰风气的过程里几乎还原了一套朴素的剩余价值论：英国人把剩余劳动时间转化成剩余价值，而奥地利人却在剩余劳动时间里制作装饰——这导致了两国国力在短时间内拉开的巨大差距，路斯说装饰是犯罪，是对国运的怒其不争。不过，路斯的疾呼倒是提供了一种在现代主义背景下发现装饰的别致手段：考察剩余劳动时间的去向。

密斯建筑生涯里绝大多数作品都是有吊顶的——像在晚期哥特建筑和巴洛克建筑里一样，吊顶不仅能帮助建筑师塑造空间，还能塑造屋顶。吊顶，在技术上代价不大，在美学上收益不菲。

比如巴塞罗那世博会德国馆的室内天花，吊顶干净地掩藏了屋顶结构。所以路斯在《玄谈》（*Ins Leere Gesprochen*）里宣称"最古老的建筑细部是顶棚"，由此得到推论：表层饰面比结构更加古老。吊顶算是非常古典的建筑装饰了，一贯的吊顶做法也符合密斯的古典气质。

有意思的是，密斯晚年在设计柏林国家美术馆的时候，居然放弃了吊顶的做法。因此他必须让梁保持笔挺、整齐。八根柱子支承着四组单跨的大跨度梁架，在这种技术情境下，梁的弯矩是在跨中最大，越靠近支承端越小，梁的截面尺寸通常随着弯矩分布而变化（图40）；密斯显然并不打算让大自然的法则去决定结构的形式，他希望梁是精确平直的——这与结构跨度无关，无论建筑规模大小，密斯都希望梁是平直的。于是，这座美术馆的梁最终是平直的，尽管在用材上极不合理。尽管型钢构件曾经是工业化大生产的标准化产物，但是密斯并不以工业化的逻辑来应用它，密斯在这里的做法显然更接近阿尔伯蒂津津乐道的"精工巧技"。无论如何我们都没法把那根梁定义成是装饰；不过，路斯所耿耿于怀的那部分"剩余劳动时间"却也没有变成"剩余价值"，密斯的技术抉择恰似工匠的手，"剩余价值"被尽数倾注于他的美学理想之中，如此果决。

事实上，现代主义对装饰的清洗运动毫无禁欲色彩，理想国中"奢侈的欲望"仍然奢侈。密斯在范斯沃斯住宅里为了保证柱在立面表现上的绝对第一性，让C型钢梁的腹板与H型钢柱的翼缘板平接——让横梁退居卓然挺立的柱列之后（图41）。这样的交接想要做到干净利落，绝不是常规焊接工艺所能企及的，那需要类似磨砖对缝的交接处理才能实现。在这里，型钢的现代性其实是一种刻板印象，密斯实质上是把现代材料诉诸传统手工艺。在这里，"剩余劳动时间"的归宿，仍是曾经让阿道夫·路斯痛心疾首的去向。以及，密斯为了保证建筑的绝对水平专门为范斯沃斯住宅身定做了一个等长的水平仪——对于好建筑师来说，"剩余劳动"不兑现美学才是犯罪。那根水平仪保障的其实是肉眼不可分辨的理性的水平，这就又回到了阿尔伯蒂对美的"绝对性"和"精确性"的讨论。显然，密斯在这里并没打算把"剩余价值"

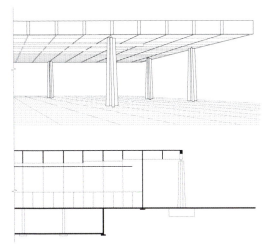

图 40 常规薄腹梁的形式

图 41 范斯沃斯住宅立面

图 42 佩雷的凿毛柱，来源：flickr 用户 Fred Romero

献祭给范斯沃斯女士的眼睛——上帝存在于细部之中，密斯或是将之献给上帝了吧？

　　总之，"剩余劳动时间"虽然没有用来生产"装饰物"，却也从没有兑现成"剩余价值"，它们成了"装饰劳动时间"。追踪"装饰劳动时间"在建筑物里的去向就能发现：那些用时间来度量的劳动效果即便不造就装饰物，也会以某种"装饰性"的成分蕴含在建筑里。路易斯·康用密斯处理水平性的态度来打理他的钢模板，只为在清水混凝土表面上留下看似极致理性的脱模痕迹；奥古斯特·佩雷却煞费苦心地在原本光滑的混凝土表面上凿毛（图42）……像脱模或者凿毛这样的工艺，不只不造就实体，相反，在阿尔伯蒂《论雕塑》的体系里，它们都是减法的；但是从美学角度而言，它们又都是附加的，它们都是在原本的建筑呈现里追加了额外的美学成分，追加了"装饰性"。

　　其实，这样的做法不是现代主义的专利，阿尔伯蒂在《论建筑·第六书·装饰》里讨论石材表面的打磨，就涉及了这种"装饰性"与建筑元素的交融。在帕拉第奥的《建筑四书》里也讨论过类似的话题：

　　天花有很多构造方式，因为美的、切割精确的平梁可以给很多人带来愉悦，所以，关于平梁的间距，必须认真对待，其间距应该是梁宽的一倍半，因为这样的天花看起来更好……

　　帕拉第奥对天花、对梁的态度活脱是密斯·凡·德·罗的先河。他对"坚固"的解读甚至可以作为格罗庇乌斯等式的注脚——所谓"坚固"，其实是"看起来坚固"：

　　关于檐口以及其他装饰的悬挑，挑得太远是极大的错误，因为当悬挑的尺度超出了理性的适度——姑且不提如果在狭小的环境中，那会让空间更局促——待在下面的人会因为它看起来快要崩塌而受到惊吓。

　　在这里，"坚固"（"实用"也是同理）与"美"并不对立，也不是比肩而立的——它成了美的素材。

第五章 谜底与谜面

建筑与装饰

在关于"建筑装饰"的话题里，总是平行纠缠着"建筑的"与"装饰的"两套标准。

在 17、18 世纪关于"第六种柱式"的纷争里，建筑装饰飘移出了古希腊时代用石作摹写木作所提供的从"一种建筑"到"另一种建筑"的再现范式，开始疯狂地表现民族符号。这种过度的再现性，让"建筑装饰"丧失了"建筑的"属性，装饰也因而丧失了在建筑学背景下被评价的标准——装饰好与不好，都与建筑无关了。

在硬币的另一面，从路斯对装饰的指控开始，现代主义以来的建筑似乎走上了另一个极端：建筑师们常提装饰而色变，他们只能在"功能""结构""节点""材料"这样的本体性概念的掩护下尝试着栖近美学理想。当然，现代建筑佳作迭出，但它们从建筑学传统里继承的关于装饰的财富却再难登堂入室。那些事实上由建筑装饰完成的任务总是被披上一层无关乎美的外衣——于是，大师们在技术与美学之间的苦心权衡总是被曲解成对技术的极致追求。许多路斯的狂热追随者甚至分辨不出"清水混凝土"和"来不及抹灰的混凝土"之间的区别。建筑学可以回避装饰，但决不能逃避美学命题。

可见，关于建筑装饰的两极，无论"建筑的"还是"装饰的"都不该过分极致。那么，权衡于两极之间的分寸在哪儿呢？既然是再现性失控导致了装饰泛滥，既然现代主义先驱们用本体性来清洗装饰，那么，答案应该就在"本体性"和"再现性"之间。

问题又绕回来了："本体性"与"再现性"之间又该如何权衡呢？在维也纳学派著名的格言家——卡尔·克劳斯（Karl Kraus）看来：那只不过是个谜。

"谜底"与"谜面"

卡尔·克劳斯在维也纳的圈子里跟路斯、维特根斯坦们渊源颇深，他的格言极精炼，句句发人深省。克劳斯通过辨析"谜语"和"谜面"的关系来揭示诗学的真谛——换句话说，诗，就是构思精巧的谜语。

语言的两个层面——形式与表意，这不只与建筑相似，也与一切艺术门类共通。语言的形式存在于各种客观范式里，词汇、语法、行文结构等。这些范式决定了"怎么说"，言说者固然在语言形式里享有选择权和调试的余地，但所有的选择和调试都必须遵从基本的规则和范式。相比起来，语言的表意似乎是自由的，"说什么"总是由言说者说了算的。形式与表意，也纠缠在艰难的权衡之中：追求形式极致往往会伤害表意，于是有"词不达意""以辞害意"；而表意达成极致了又总会让形式透明，庄子称之为"得鱼忘筌"。如果用弗兰姆普敦的学说来翻译一下：语言形式是本体性的，语言表意是再现性的。不表意，毋宁不说，那岂不成了胡言乱语；只表意，语言本身就丧失了被欣赏的机会，说明书永远取代不了诗，克劳斯的比喻是：推销员的德语不是诗。

卡尔·克劳斯发现，一则精彩的谜语完美地解决了形式与表意的矛盾。一方面，因为是迷，因为要猜，所以，作为谜面的语言形式就不可能是完全透明的，并且，猜谜的人总是会反复琢磨和品味谜面形式；另一方面，任何谜语都必然有答案，而且如无失误，那答案总是唯一的——谜底作为一种表意，实在是清晰和明确的，谜底不会让谜面透明，但也绝不会因为躲藏在谜面之中而变得模糊、含混。这不正是语言形式与语言表意之间能达成的最美妙的平衡吗？

在这方面，建筑学与诗学之间存在着许多共通之处，克劳斯也并不把谜语的隐喻限于诗学。据达尔·科考据，在斯卡帕的书房里就摆着一本卡尔·克劳斯的《在说》（*Beim Wortgenommen*），书里有些字句还被斯卡帕画了重点：

唯一的艺术家是创造谜语一般的方法的人。

如果建筑是一则谜语，建筑的本体性提供谜面，建筑的再现性就是谜底。当建筑表意趋于极致时，建筑形式就很容易透明：除了"柱式纷争"时代民族符号的喧宾夺主外，诸如约翰·拉斯金在《建筑的七盏明灯》里把建筑比作装饰品的"展览架"的论调，也用再现性表意瓦解了建筑形式的独立意义。一个建筑形式的极端例子是巴克敏斯特·富勒：理论上，富勒的结构单元可以构成无限大的网架穹隆，它几乎可以覆盖一切——曾经有日本委托人请富勒帮他罩住一整座岛屿——这样的万能、自足的本体性形式，恰如没有谜底的混沌谜面。

"再现性装饰的本体性"与"本体性装饰的再现性"

当然，诗学和建筑学也有与俗常的谜语不同的地方：俗常的谜语过程，总是从解读谜面开始，最终获得谜底——这是一个单向的过程；而在诗学和建筑学里，形式和表意的领会过程从来不是单向的，本体性主导的建筑当然从形式开始，而再现性主导的建筑则反过来从表意出发。所以，卡尔·克劳斯在他的格言集《半个真理和一个半真理》里说：

只有能从谜底中猜出谜面的人，才是一个艺术家。

艺术家编织的谜语，就是这样一个既可以从谜面猜谜底、也可以从谜底猜谜面的双向游戏。

那么，寻求"建筑的"与"装饰的"之间的分寸，达成"本体性"与"再现性"二者的平衡，其实就是要编织一则构思精巧的谜语——在解谜的过程里，从谜面破解谜底，又从谜底领会谜面。

再现性装饰的本体性

从谜底中猜出谜面的过程，是用建筑本体性逻辑重新构造再现性装饰的过程。建筑装饰再专注于表意，也要经由建筑做法来完成，它不可能完全超脱于建筑之外。在装饰的表意形式中找到"建筑的"意义，让谜语的字句重新清晰起来。

　　阿尔伯蒂注意到：凸出墙面的古典壁柱总与凸出墙面的檐口相伴出现。有些檐口是连续的，即一条笔直连续的檐口横跨于壁柱柱列之上；有些檐口是断续的，即檐口的基准位置与墙面平齐，它的走向依着壁柱的位置转折。在文艺复兴时代，凸出墙壁的梁柱体系更多作为装饰语汇，墙体上的石头壁柱与檐口只是再现木框架的结构形式：木框架结构间的围护封板通常是薄板，于是截面更大的框架梁、柱总会凸出封板之外。但在石头建筑里，厚重的墙体本身就可以承重，因此从技术角度看，连壁柱都是不必需之物，那么对所谓"连续檐口"或"断续檐口"的选择也就非常自由了，可以完全基于立面表意来引用。但是，阿尔伯蒂从石头装饰的交接细节出发，重新为两种再现性装饰赋予了本体性。用整条石材去构造连续檐口的做法是非常昂贵的，如果把檐口分段再事抹灰，则损失了石材的质地；如果用大理石贴面，就必须想办法对齐不同贴面单元上的纹理——前文讨论过，那是极难的工艺。因此，作为石头装饰，外观精良的连续檐口是更难达成的，阿尔伯蒂据此提出这样的檐口应该选用在更高贵的建筑里。相应地，当檐口随着壁柱盘折出入，它也就自然而然地被分段了。沿墙面的檐口石材的端头，可以被掩藏在凸出的檐口石材后面，交接缝隙形成"阴角缝"，比对接成平直表面的"平接缝"自然得多，不需要特别处理。因此，这样的选择应用范围更广，可以凭借更平凡的工艺来达成"独石般的"效果（图1）。这是从谜底里猜出谜面的现身说法。

　　同理，前文讨论的巴洛克檐口，也是为再现木檐口构造的再现性装饰找到了勾画空间形态的本体性意义。用同样的视角来观察斯卡帕那些谜一样的线脚，意图似乎就清晰起来。哪怕弗兰姆普敦再强调"节点"，也没法掩盖斯卡帕的混凝土线脚再现古典石作线脚的事实。但是，斯卡帕的线脚从来不只是对建筑转折部的勾边点缀。比如，在布里昂家族墓园的小礼拜堂里，水池池壁和地面高差处的线脚不仅丰富了地形的层次，更重要的是，沿地面展开的线脚让那用混凝土再造的地形显示出极强的水平性，这

图1　连续檐口与断续檐口

样的水平性，远远超越了大地原本具备的水平性（图2）；相对应地，在建筑纵长窗口处的线脚，又赋予建筑如哥特束柱般的强烈竖直性（图3）——线脚既让混凝土地形与混凝土建筑相互呼应，又把两者泾渭分明地区分出来。这些来自遥远的古典时代的"彼建筑"的装饰元素，精准地刻画了"此建筑"独有的特征。斯卡帕正是从谜底出发，重新写就了动人的谜面。

本体性装饰的再现性

　　现代建筑总携带着磨灭不掉的本体性血统，建筑形式总能从建筑自身找到起点，并且沿着本体性逻辑推衍下去。照着克劳斯的方法，这些建筑的诗性表达，要从本体性形式里发掘出再现的影子。因此，从谜面猜谜底的经典也就层出不穷。

　　卡洛·斯卡帕处理钢板端头，常切割出一个直角的缺口。在切割工艺上，垂直的两道切口在交汇处最难处理，过之则破坏切角，不及则切不掉。斯卡帕设计了一种可以改善工艺的做法：先在切口交汇点打一个洞，洞的直径大于切缝宽度，这样，当两道切口切到打洞的地方自然就完成了切割。这种工艺在缺口转角处留一个拓展的豁口，构成了很独特的形式，斯卡帕又在豁口里镶嵌

一个圆形的铜件来装饰这个有趣的工艺痕迹（图4）。这个独特的形式原本由独特的工艺逻辑而来，但它的形式本身展示了巨大的表现潜力。在许多斯卡帕的设计细部，即便不是由切割形成的阴角也常出现这种带拓展豁口的转角细节，比如楼梯踢板和踏板形成的阴角（图5），以及他在瓜里尼基金会博物馆展厅里用来装饰空调机的、带有风格派特质的装饰板（图6）……一个本体性的形式，成了被反复再现的对象。

一个更典型的例子，是密斯的一类钢结构转角做法。H型钢柱是有方向性的，密斯为了让钢柱在建筑的两个相邻立面上都能以翼缘板的正面示人，他在转角处放置两根H型钢柱，它们的H形截面是相互垂直的。为了封住两根钢柱之间的缝隙，密斯用角钢居间连接。结果很奇妙：角钢的凸角以及两侧H型钢腹板和翼缘板的凹口构成了复杂而有序的线脚效果（图7）——标准化的现代型材在本体性逻辑下组织起来，居然再现了非常经典的古典形式。

看起来是巧合，但这样的巧合绝不是小概率事件。一种原本不表意的形式以某种内在逻辑生成，但它一旦生成了，就绝不会只是呈现它的生成逻辑。无论是表意的还是不表意的形式，都会以形式本身示人，这些形式如何被阅读是一个开放的过程。所以一千个人眼里才会有一千个哈姆雷特；所以作者未必然，读者未必不然。

因此，只要形式是出于妙手，偶得的表意就总是水到渠成。比如哥特大教堂里那些纤细的"哥特肋"，原本是与附柱共同勾画出大教堂的结构逻辑，纤细的结构形式完成了"去物质化"的轻盈表现——这些都是本体性的机制；但是，那些丛生的、高耸的哥特装饰，总是引发人们对欧洲北方黑森林的联想，还有人把尖拱形式追溯到上古时代在顶部绑扎的帐篷（图8）……

走向对立

卡尔·克劳斯这种"谜语一般"的方法，让建筑装饰的本体性与再现性为彼此提供了交互的评价标准，也让建筑装饰牢牢地坚守着"建筑的"与"装饰的"双重属性。斯卡帕在克劳斯的那本《在说》里还标记了另外一句重要的谶语：

图2 布里昂家族墓园场地线脚，来源：flickr 用户 fusion-of-horizons

图3 布里昂家族墓园窗洞线脚

图4 斯卡帕的钢板切角

图5 带拓展豁口的楼梯细部

图6 瓜里尼基金会博物馆的空调机组装饰，来源：flickr 用户 fusion-of-horizons

那方法存在于对象并先于对象灭亡；那方法存在于语言，并与语言同在。

像刚刚分析的几个例子，在设计推衍过程里，本体性与再现性总有个先后——那是方法。但当用方法生成了对象之后，对象就不再属于方法了，所以说那方法"先于对象死亡"；只有在追溯方法逻辑的时候，方法才又明晰可辨，所以说它只"与语言同在"。因此在多数情况下，建筑装饰的本体性和再现性应该是交融难辨的。

詹森-克林特的格鲁特威教堂（Grundtvig's Church）是用砖砌结构来忠实再现石头的哥特大教堂。砖与石最大的区别在于前者的塑性要经由砌筑，后者则可以自由雕琢。因此，无论砖砌形式多么传神地摹写着石头雕琢的形式，它总会洋溢出砌块砌筑独有的特质来——砖是一种很"不透明"的材料。既然材料选择已经给本体性提供了基本保障，那么建筑师大可以心无旁骛地去追求对哥特形式的再现。从砌筑的尖券到用纵向凹龛表达的束柱（图9），再到从四边形向八边形叠涩的楼梯平台（图10）……大量细节都交织在极致的本体性和再现性之中。谁是谜底，谁又是谜面？

在建筑的形式推衍过程里，本体性与再现性总是趋于走向对立面。这样的过程似乎不必经由建筑师的自觉，很多时候就那么自然而然地发生了。前文提到过，中世纪晚期法兰克人的哥特建筑肇源自英国的达勒姆大教堂，但当欧洲大陆的"盛期哥特"传统回流到不列颠岛的时候，哥特建筑也开始步入"晚期"了。英国的石作工艺远不及法国，但是英国人掌握着先进的造船技术，他们的木作工艺炉火纯青。因而在经过了短暂的用木作模仿石作的阶段后，英国匠人很快找到了"木哥特肋"的表现特点：抗弯性能更好的木拱肋不必交汇在承压的拱心石位置，形态和布置逻辑都可以更加自由。但这种木拱肋编织出来的结构不可能真的胜任大教堂中厅那样的大跨度，因此，英国哥特教堂里常用吊顶做法在真实屋顶下建一层木肋天花；既然不必承重，有些木肋天花又被还原成石肋天花，只是拱肋的布置仍保留了用木肋时的自由形式。始建于1192年的林肯大教堂（Lincoln Cathedral）的歌坛拱顶，因为拱肋相互交错而被称为"疯狂拱顶"（Crazy Vaults）（图11）。其实跟后来花样层出的拱顶天花相比，那还远远算

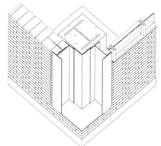

图7 密斯的一类钢结构转角做法，右图来源：flickr 用户 Jessica Sheridan

图8 上古时代扎顶帐篷意向

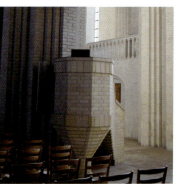

图9 格鲁特威教堂砖细部　　图10 格鲁特威教堂楼梯

不上"疯狂"。花式拱肋在之后的演变里开始呈网状甚至蕾丝状（图12）。在彼得伯鲁大教堂（Peterborough Cathedral）的歌坛里，纤细的装饰肋以伞状从中央束柱散射出来，它几乎脱离了"拱"的概念，酷似现代建筑中的"无梁楼盖"（图13）。"晚期哥特"是一场拱肋装饰的狂欢。

　　从"盛期哥特"到"晚期哥特"的演变过程可谓起伏跌宕，伴随着建筑装饰的本体性与再现性不断反转。盛期哥特大教堂的拱肋和附柱原本构成了有极致本体性的建筑装饰体系，但在传入英国之后，竟都成了被再现的对象；而英国匠人刚开始用木肋再现石肋时，又在里面注入了木作形式的本体性；而后，这种本已纠缠了本体性与再现性的天花形式又成了石作天花再现的对象……几经辗转，在晚期哥特建筑里，纤细的石作拱肋仍在，但这些装饰元素已经不像在盛期哥特大教堂里那样极简练、极精准地映射真实结构逻辑了——它们更像是装裱在建筑内表皮的一层花纹。原本极轻盈的结构表现在此刻显得过剩且繁复。威斯敏斯特大教堂的亨利七世礼拜堂算是个极端的写照：木屋架与蕾丝状的吊顶花饰已经毫无对应关系了（图14），"去物质化"的目标被抛诸九霄云外，所谓"哥特"当然也就烟消云散了。

　　不过，弗兰克尔对"哥特"的定义倒仍可以自圆其说：哥特，来自拱肋与棱拱的结合，死于拱肋离开拱顶的一刻。

　　有时候,形式的本体性和再现性甚至在设计之初就是并行的。卡洛·斯卡帕在布里昂家族墓园的外墙转角位放了个对中国人而言喜闻乐见的混凝土装饰（图15）。斯卡帕的多数混凝土浇筑都是藉着著名的11厘米模数的木模板完成的。斯卡帕烟瘾奇大，此处浇筑的形式来自他从"红双喜"烟盒上瞥见的"囍"图形。斯卡帕是不是真的了解中国的"喜丧"文化？我觉得这无关紧要。因为"囍"字的形式如此雄辩：它的所有笔画都是连续的，并没有偏旁部首相脱离的情形，这样的连续图形适合剪纸，当然也匹配混凝土浇筑的要求；更重要的是它的笔画布置和笔画间隙全部是均质、等宽的长条矩形——这个字简直就是为斯卡帕那些11厘米模板量身定做的！设计的迸发，就在本体性的模板逻辑和再现性的"囍"字形式在建筑师眼前吻合的那一刻。

图11 林肯大教堂的"疯狂拱肋"　图12 蕾丝天花

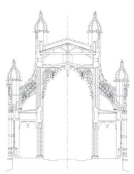

图13 彼得伯鲁大教堂伞状拱肋　　　　图14 威斯敏斯特大教堂剖面图

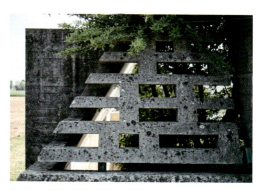

图15 布里昂家族墓园混凝土"囍"字，
来源：flickr 用户 August Fischer

参考文献

[1]ADOLF L. Ornament and Crime, Selected Essays [M]. Riverside:Ariadne Press,1997.

[2]LOUIS K. Louis Kahn Essential Texts [M]. New York:W.W. Norton & Co,2003.

[3]LEON B A. On the Art of Building in Ten Books [M]. translated by JOSEPH R，NEIL L,ROBERT T. Cambridge:The MIT Press,1991.

[4]ANDREA P. The Four Books on Architecture [M]. translated by ROBERT T，RICHARD S. Cambridge:The MIT Press,1997.

[5]VITRUVIUS. Ten Books on Architecture [M]. Cambridge:Cambridge University Press,1999.

[6]LOUIS S. Louis Sullivan The Public Papers [M]. Chicago:The University of Chicago Press,1988.

[7]NARCISO M,MENOCAL N G,TWOMBLY R. Louis Sullivan:the poetry of architecture [M]. New York:W.W. Norton & Co,2000.

[8]LOUIS S. A system of architectural ornament according with a philosophy of man's powers [M]. New York:Eakins Press,1967.

[9]JOHN R. Stones of Venice [M]. 2nd edition. Boston: Da Capo Press,2003.

[10]ROBERT J P,CARROLL W W. Architectural Principles in the Age of Historicism [M]. New Haven:Yale University Press,1993.

[11]CREDO R. Collins Latin dictionary plus grammar [M]. New York:HarperCollins,2012.

[12]HANNO W K. A History of Architectural Theory:from Vitrutius to the Present [M]. New York:Princeton Architectural Press,1994.

[13]PLATO. The Republic [M]. London:Penguin Classics,2003.

[14]RUDOLF W. Architectural Principles in the Age of Humanism [M]. New York:W.W. Norton & Co,1971.

[15]LIONEL M. Architectonics of Humanism:Essays on Number in Architecture [M]. New York: Academy Editions,1988.

[16]ALINA A P. The Architectural Treatise in the Italian Renaissance:Architectural Invention,Ornament,and Literary Culture [M]. Cambridge:Cambridge University Press,2011.

[17]VAUGHAN H. Paper Palaces:The Rise of the Renaissance Architectural Treatise [M]. New Haven:Yale University Press,1998.

[18]SEBASTIANO S. Sebastiano Serlio on Architecture [M]. New Haven:Yale University Press,2001.

[19]OTTO V S. The Gothic Cathedral:Origins of Gothic Architecture and the Medieval Concept of Order [M]. New York:Princeton Architectural

Press,1988.

[20]PAUL F. Gothic Architecture [M]. New Haven:Yale University Press,2001.

[21]BERNHARD S. Great Cathedrals [M]. New York:Harry N. Abrams, Inc,2002.

[22]HENRY A M. The Triumph of the Baroque Architecture in Europe 1600—1750 [M]. London:Thames & Hudson Ltd,1999.

[23]ANANDA K C. Ananda K.Coomaraswamy:Essays In Architectureal Theory [M]. Oxford:Oxford University Press,1996.

[24]GOTTFRIED S. The Four Elements of Architecture And Other Writings [M]. Cambridge:Cambridge University Press,1989.

[25]KENNETH F. Studies in Tectonic Culture:The Poetics of Constructrion in Nineteenth and Twentieth Century Architecture [M]. Cambridge:The MIT Press,2001.

[26]LEONARDO B,JUDITH L. Architecture of the Renaissance [M]. London:Routledge Kegan & Paul,1985.

[27]LOUIS S. Louis Sullivan in the Art institute of Chicago:the Illustrated Catelogue of Collections [M]. New York:Garland Publishing, Inc,1989.

[28]布朗宁. 路易斯·I·康:在建筑的王国中[M]. 马琴,译. 北京:中国建筑工业出版社,2004.

[29]弗兰姆普敦. 建构文化研究:论19世纪和20世纪建筑中的建造诗学[M]. 王骏阳,译. 北京:中国建筑工业出版社,2007.

[30]弗兰姆普敦. 现代建筑:一部批判的历史[M]. 张钦楠,等译. 北京:生活·读书·新知三联书店,2004.

[31]克鲁夫特. 建筑理论史:从维特鲁威到现在[M]. 王贵祥,译. 北京:中国建筑工业出版社,2005.

[32]歌德. 意大利游记[M]. 周正安,等译. 长沙:湖南文艺出版社,2005.

[33]克莱因. 西方义化中的数学[M]. 张祖贵,译. 上海:复旦大学出版社, 2004.

[34]维特鲁威. 建筑十书[M]. 高履泰,译. 北京:知识产权出版社,2001.

[35]格罗德茨基. 哥特建筑[M]. 吕舟,洪勤,译. 北京:中国建筑工业出版社,1999.

[36]库巴赫. 罗马风建筑[M]. 汪丽君,等译. 北京:中国建筑工业出版社,1999.

[37]罗素. 西方哲学史[M]. 何兆武,李约瑟,译. 北京:商务印书馆,2004.

[38]舒尔茨. 巴洛克建筑[M]. 刘念雄,译. 北京:中国建筑工业出版社,1999.

[39]默里. 文艺复兴建筑[M]. 王贵祥,译. 北京:中国建筑工业出版社, 1999.

[40]施密特. 启蒙运动与现代性[M]. 徐向东,卢华萍,译. 上海:上海人民出版社,2005.

[41]拉斯金. 建筑的七盏明灯[M]. 张璘,译. 济南:山东画报出版社,2006.

[42]柏拉图. 理想国[M]. 郭斌和,张竹明,译. 北京:商务印书馆,2002.

[43]沃林格. 抽象与移情:对艺术风格的心理学研究[M]. 土才勇,译. 沈阳:辽宁人民出版社,1987.

[44]沃林格. 哥特形式论[M]. 张坚,周刚,译. 杭州:中国美术学院出版社,2003.

[45]海德格尔. 存在与时间[M]. 陈嘉映,王庆节,译. 北京:生活·读书·新知三联书店,2014.

[46]王维洁. 路康建筑设计哲学论文集[M]. 增订版. 台北:田园城市出版社,2003.

鸣谢

感恩恩师董豫赣先生在我专业生涯中的悉心指导与关怀，感激之情难以言表。

感谢师兄弟们的启发与帮助，尤其是吴洪德关于文献、图表方面的无私指教。

感谢工作室的小伙伴们帮忙整理插图，尤其是李俊男在排版和图片处理上提供的大量帮助。

群岛 ARCHIPELAGO 是专注于城市、建筑、设计领域的出版传媒平台。由群岛 ARCHIPELAGO 策划、出版的图书曾荣获德国 DAM 年度最佳建筑图书奖、中国政府出版奖、中国最美的书等众多奖项；曾受邀参加中日韩"书筑"展、纽约建筑书展（群岛 ARCHIPELAGO 策划、出版的三种图书入选为"过去 35 年中全球最重要的建筑专业出版物"）等国际展览。

群岛 ARCHIPELAGO 包含出版、新媒体、书店和线下空间。

info@archipelago.net.cn
archipelago.net.cn

本书通过对建筑历史、现代主义大师和名作本身的剖析，重新讨论了装饰问题，兼具学术性和话题性的双重价值。本书重点对阿尔伯蒂与沙利文两人关于建筑装饰的理论进行了比较与抽取，得出了一套"阿尔伯蒂—沙利文建筑装饰系统"作为特定视角下识别、操作和评价建筑装饰的工具；并借此对建筑装饰在建筑史中典型时期的操作方法和评价标准进行了简要的梳理，继而对现代主义时期建筑装饰在建筑中的存在方式和评价进行了初探。希望凭借这些浅尝辄止的梳理与提炼，引发一些更有效的反思与研究。

图书在版编目（CIP）数据

建筑装饰 / 张翼著. -- 北京：机械工业出版社，2024. 12. -- ISBN 978-7-111-77291-0

Ⅰ. TU238

中国国家版本馆CIP数据核字第2025DD5618号

机械工业出版社（北京市百万庄大街22号　邮政编码100037）
策划编辑：赵　荣　　　　　　　　　责任编辑：赵　荣　时　颂
责任校对：李　霞　杨　霞　景　飞　责任印制：李　昂
北京利丰雅高长城印刷有限公司印刷
2025年6月第1版第1次印刷
205mm × 190mm・4.666印张・190千字
标准书号：ISBN 978-7-111-77291-0
定价：69.00元

电话服务　　　　　　　　　　　网络服务

客服电话：010-88361066　　　机 工 官 网：www.cmpbook.com
　　　　　010-88379833　　　机 工 官 博：weibo.com/cmp1952
　　　　　010-68326294　　　金 书 网：www.golden-book.com
封底无防伪标均为盗版　　　机工教育服务网：www.cmpedu.com